Alternative Kraftstoffe im variablen Pkw-Dieselmotor

Alternative Kraftstoffe im variablen Pkw-Dieselmotor

Von der Fakultät für Maschinenbau
der Technischen Universität Carolo-Wilhelmina zu Braunschweig

zur Erlangung der Würde

eines Doktor-Ingenieurs (Dr.-Ing.)

genehmigte Dissertation

von:	Dipl.-Ing. Ingo Blei
aus:	Peine

eingereicht am:	12.04.2013
mündliche Prüfung am:	13.12.2013
Gutachter:	Prof. Dr.-Ing. Peter Eilts
	Prof. Dr. rer. nat. habil. Jürgen Krahl

2014

Bibliografische Information der Deutschen Nationalbibliothek
Die Deutsche Nationalbibliothek verzeichnet diese Publikation in der Deutschen Nationalbibliografie; detaillierte bibliografische Daten sind im Internet über http://dnb.d-nb.de abrufbar.
1. Aufl. - Göttingen : Cuvillier, 2014
Zugl.: (TU) Braunschweig, Univ., Diss., 2014

Nonnenstieg 8, 37075 Göttingen
Telefon: 0551-54724-0
Telefax: 0551-54724-21
www.cuvillier.de

1. Auflage, 2014
Gedruckt auf umweltfreundlichem, säurefreiem Papier aus nachhaltiger Forstwirtschaft.

ISBN 978-3-95404-701-7
eISBN 978-3-7369-4701-6

Vorwort

Die vorliegende Arbeit entstand während meiner Tätigkeit als wissenschaftlicher Mitarbeiter am Institut für Verbrennungskraftmaschinen der Technischen Universität Braunschweig unter der Leitung von Herrn Prof. Dr.-Ing. Peter Eilts.

Herrn Professor Eilts gebührt mein Dank für die wissenschaftliche und persönliche Betreuung bei der Durchführung dieser Arbeit sowie für die Übernahme der Gutachtenerstattung.

Herrn Prof. Dr. rer. nat. habil. Jürgen Krahl danke ich für das große Interesse am Thema meiner Arbeit und für die Mitgliedschaft als Gutachter in der Promotionskommission. Herrn Prof. Dr.-Ing. Ferit Küçükay danke ich für die Übernahme des Vorsitzes der Prüfungskommission.

Bei allen Kollegen, Studenten und Freunden am Institut für Verbrennungskraftmaschinen, die mich unterstützt haben, möchte ich mich ganz herzlich bedanken. Es war ein intensiver Lebensabschnitt voller toller Momente am ivb, welchen ich nicht missen möchte.

Der Volkswagen AG sei an dieser Stelle für die Bereitstellung von Sachmitteln gedankt. Zu danken habe ich auch den Mitarbeitern, die seitens der Volkswagen AG zum Gelingen dieser Arbeit beigetragen haben. Insbesondere Herrn Dr.-Ing. Jens Hilbig, Herrn Uwe Scher und Herrn Dr.-Ing. Axel Groenendijk danke ich für das entgegengebrachte Vertrauen, die fachliche Unterstützung, die wertvollen Anregungen und die sehr gute Zusammenarbeit. Des Weiteren danke ich Herrn Dr. rer. nat. Thomas Garbe und Herrn Martin Hönig für die konstruktiven Diskussionen.

Mein besonderer Dank gilt meiner Frau Julia und meinem Sohn Jan für ihr Verständnis und die fortwährende Unterstützung.

Braunschweig, im Frühjahr 2014 Ingo Blei

Inhaltsverzeichnis

1 Einleitung

Mobilität ist ein Grundbedürfnis des Menschen, welches derzeit im Wesentlichen durch den Verbrauch fossiler Energieträger befriedigt wird. Der weltweit wachsende Energiebedarf und die Endlichkeit fossiler Reserven gefährden die Versorgungssicherheit. Zu deren Sicherstellung ist ein verantwortungsvollerer Umgang mit den Primärenergieträgern nötig und es müssen zusätzlich Alternativen gefunden werden. Der globale Zuwachs an Mobilität wird in absehbarer Zukunft weiterhin fast ausschließlich auf der Verbrennungskraftmaschine basieren. Gerade der Dieselmotor bietet dabei durch den vergleichsweise hohen Wirkungsgrad bei der Umwandlung von chemisch gebundener in mechanisch nutzbare Energie das Potential zur Erfüllung aller Anforderungen. Neben einer Steigerung der Effizienz gilt es die Abgasemissionen weiter zu senken. Besonders die weitere Minderung der Ruß- und Stickoxidemissionen ist im dieselmotorischen Kontext eine Herausforderung.

Die legislativen Grenzwerte für die Partikelmassenemissionen wurden ab dem 01.01.2013 für neu zugelassene Pkw ≤ 3500 kg mit der Abgaseinstufung EURO V/b um 0,5 mg/km auf 4,5 mg/km abgesenkt. Zudem werden erstmals die Partikelanzahlemissionen reglementiert. Eine drastische Verschärfung der Stickoxidemissionsgrenzwerte bringt die EURO VI Einführung für Typzulassungen ab September 2014 von bisher 180 mg/km auf 80 mg/km mit sich.

Der Rußproblematik wird derzeit mit angepassten Einspritzstrategien und der nachgeschalteten Filterung des Dieselabgases begegnet. Im Fall der Stickoxidemission streben die Forschungsbemühungen danach, die Grenzwerte auf einem rein innermotorischen Weg einzuhalten, und zwar um einen flächendeckenden Einsatz aufwändiger Abgasnachbehandlungsstrategien wie NO_x-Speicher- und SCR-Systeme möglichst wirtschaftlich auszuführen oder ganz zu vermeiden. Hauptmaßnahmen zur innermotorischen Stickoxidminderung sind die Abgasrückführung, welche in aktuellen Motoren durch die Mehrkreisausführung bereits eine hohe Komplexität aufweist und die Absenkung des Verdichtungsverhältnisses.

Die Ausweitung dieser Strategien schränkt die Bestrebungen zur Kraftstoffverbrauchsminderung und damit zur Senkung des CO_2-Ausstoßes ein. Gerade diesen gilt es zukünftig zu minimieren, da der durchschnittliche Flottenausstoß von neuzugelassenen Pkw an CO_2 bereits im Jahr 2015 auf 130 g/km begrenzt wird, bzw. auf einen Wert von 95 g/km im Jahr 2020 [1]. Eine ökonomisch tragbare Minderung aller Emissionen stellt eine große Herausforderung an die zukünftige Motorgeneration dar [2].

Dabei erschließt der Einsatz alternativer Energieträger neue Potentiale, diesen Anforderungen gerecht zu werden. Zu diesem Zweck soll in dieser Arbeit der Einfluss alternativer Kraftstoffe auf die Verbrennung in einem modernen Dieselmotor in Hinblick auf die Schadstoffemissionen und den motorischen Wirkungsgrad untersucht werden.

Es sind verschiedene Strategiekombinationen denkbar, welche sich in die Bereiche Luftpfad, Kraftstoffpfad und Motorperipherie einteilen lassen. Kraftstoffseitig steht die schrittweise Substitution der erdölbasierten Raffinate im Vordergrund. Es ist davon auszugehen, dass es vorerst keine Entwicklung zum universell anwendbaren Kraftstoff geben wird, sondern in Ergänzung zu den bekannten Energieträgern weitere synthetische bzw. biobasierte Energiequellen erschlossen werden [3].

1.1 Inhalt und Aufbau der Arbeit

Die Verringerung der CO_2-Emission stellt die Motorenentwickler vor neue Herausforderungen. Es gilt den Kundenwunsch nach leistungsstarken Motoren bei gleichzeitiger Reduzierung des Kraftstoffverbrauchs und der weiteren schädlichen Emissionen zu erfüllen. Daher weisen moderne Dieselmotoren bereits einen hohen Grad an Variabilität im Luft- und Kraftstoffpfad auf, um allen Anforderungen gerecht zu werden. Neben der Erweiterung von motorischen Eingriffsmöglichkeiten auf das Brennverfahren ist zukünftig auch mit schwankenden Kraftstoffqualitäten zu rechnen.
Eine Strategie zur Erfüllung dieser kontroversen Herausforderungen an den Dieselmotor ist die simultane Optimierung der Verbrennungskraftmaschine und der Energieträger. Im Rahmen dieser Dissertation sollen Einflüsse alternativer Kraftstoffe auf das dieselmotorische Brennverfahren, bzw. Wirkeffekte motorischer Stellparameter auf die Kraftstoffumsetzung analysiert werden.

Die Umwandlung von chemisch gebundener in mechanisch nutzbare Energie im kompressionsgezündeten Motor wird kraftstoffseitig sowohl durch physikalische als auch chemische Parameter bestimmt. Dies wirkt sich unmittelbar auf den Verbrennungsablauf und somit direkt auf die Schadstoffentstehung aus. Auf den Stand des Wissens bezüglich der dieselmotorischen Verbrennung und der Schadstoffentstehung wird kurz in Absatz 2 eingegangen.

Ein weiterer Einflussfaktor in diesem Zusammenhang ist die Kraftstoffformulierung selbst. Diese wurde bisher normativ in engen Qualitätsgrenzen festgelegt, um u. a. einen optimalen, bzw. unproblematischen Verbrennungsprozess zu garantieren. Zudem wurden die Motoren bzw. die Brennverfahren auf Basis dieser Energieträger optimiert. Da diese Normung für rohölbasierte Kraftstoffe aus dem Raffinerieprozess zugeschnitten wurde, ist die Kraftstoffdiversifikation potentiell mit einem Abweichen von diesen engen Grenzen verbunden. Diese Veränderungen müssen ebenfalls bei der Motorenauslegung berücksichtigt werden, bzw. es ergeben sich erweiterte Freiheitsgrade, welche es zu untersuchen gilt.

In Hinblick auf die alternativen Energieträger sind bereits seit mehreren Jahrzehnten verschiedene Substitutionsprodukte im Fokus der Forschung. Je nach Prozess sind aus nachwachsenden Rohstoffen diverse chemische Produkte herstellbar. Neben reinen Kohlenwasserstoffen wie z. B. Paraffine (BtL, HVO) werden Produkte mit molekular gebundenem Sauerstoffanteil wie Alkohole, Aldehyde, Ketone, Ester und Ether erzeugt. Auf diese Einzelkomponenten wird in Absatz 3 näher eingegangen und es werden Anforderungen für eine potentielle Kraftstoffanwendung festgelegt. Hauptanforderungen an diese als Biokraftstoffe nutzbaren Stoffe sind im Allgemeinen neben der Bereitstellung einer möglichst hohen chemisch gebundenen Energiemenge, die uneingeschränkte Verwendbarkeit in der bestehenden Fahrzeugflotte und dass keine Gefährdung von Mensch und Umwelt besteht. Neben diesen Forderungen müssen derartige potentielle Ersatzkraftstoffe in ausreichenden Mengen und dazu wirtschaftlich produziert werden können.
Im Speziellen fokussiert sich diese Arbeit auf den Energiewandlungsprozess in der Verbrennungskraftmaschine. Zur Vorabbewertung eines geeigneten Kandidaten aus dem Spektrum der alternativen Energieträger müssen Aspekte der Kraftstoffformulierung auf das Emissionsbildungspotential als auch der Einfluss auf das Brennverfahren gemeinsam betrachtet werden. Zu diesem Zweck werden in Absatz 3.2 geeignete Kennzahlen zunächst

ausgewählt und diskutiert. Es werden Kraftstoffe mit den molekularen Bestandteilen Kohlenstoff C, Wasserstoff H und Sauerstoff O mit in die Betrachtungen einbezogen.
Unter Voraussetzung einer idealisierten Energiewandlung findet unter Bildung von Wasser und Kohlenstoffdioxid eine Erzeugung derjenigen Verbrennungsprodukte statt, die bereits in der Atmosphäre vorliegen. Je nach Anzahl und Bindungsart ist eine große Bandbreite an Energieträgern möglich. Nicht zu jedem Molekül sind die benötigten Bewertungskriterien verfügbar, so dass geeignete Abschätzmethoden für ausgewählte Kennzahlen auszuwählen und anzuwenden sind. Anhand dieser und ausgehend von früheren Untersuchungen wie in [4] und in [5] erfolgt eine Kraftstoffauswahl für die dieselmotorische Anwendung. Bereits diese als auch weitere Untersuchungen bestätigen die rußmindernde Wirkung von Kraftstoffen mit molekular gebundenem Sauerstoff [6] [7].
In Rahmen dieser Arbeit werden daher verschiede, teilweise sauerstoffhaltige Energieträger zum fossilen Dieselkraftstoff, bzw. zu synthetischen Kohlenwasserstoffen beigemischt und in einem modernen Pkw-Dieselmotor verbrannt. Die Basis des Versuchsträgers bildet ein 2,0 Liter 4-Zylinder TDI-Motor der Volkswagen AG. Dieser ist mit einem Common-Rail-Einspritzsystem ausgestattet und weist ferner in der vorliegenden Ausführung zusätzliche Variabilitäten wie einen variablen Ventiltrieb auf. Eine detaillierte Beschreibung erfolgt in Absatz 4. Dadurch wird eine differenzierte Untersuchung der Anwendung alternativer Kraftstoffe in einem modernen Motorkonzept ermöglicht. Für die experimentellen Untersuchungen steht neben verschiedenen Ausbaustufen des Vollmotorprüflings auch ein Einzylinderaggregat zur Verfügung.
Nach einer Kraftstoffauswahl erfolgt die experimentelle VKM-Anwendung in Absatz 5. Neben der Beimischung von Butanol zu Referenzdieselkraftstoff (CEC) werden auch Dreiphasenmischungen aus CEC, FAME (RME) und Ethanol, sowie verschiedene Ether- bzw. Glycoletherblends untersucht.

Es finden sowohl stationäre als auch dynamische Versuche zum grundsätzlichen Einfluss der Kraftstoffe auf das Brennverfahren und auf die Emissionen statt. Zusätzlich zur Auswirkung der Kraftstoffqualität wird auch die Partikelemissionscharakteristik mit in die Betrachtungen einbezogen. Innermotorische Strategien zur Rohemissionsminderung müssen zukünftig den unterschiedlichen Kraftstoffeinfluss zum Erreichen eines optimalen Betriebsverhaltens berücksichtigen, was wiederum eine Anpassung des Brennverfahrens erfordert. Im Verlauf der experimentellen Untersuchungen werden geeignete motorische Strategien aufgezeigt, die es ermöglichen Kraftstoffeffekte zu kompensieren, bzw. gezielt zu nutzen. So könnten Kraftstoffe mit einer geringen Rußbildungsneigung völlig neuen Brennverfahrensansätzen den Weg ebnen, um erweiterte Emissionsminderungspotentiale zu heben.

Diese Arbeit geht der Fragestellung nach, wie ein flüssiger alternativer Energieträger aus Wasserstoff, Kohlenstoff und Sauerstoff, welcher grundsätzlich für die Verwendung im modernen Dieselmotor geeignet ist, durch geeignete motorische Stellparameter optimal anzuwenden ist.

2 Theoretische Grundlagen und Stand des Wissens

Der Energiebedarf von Kraftfahrzeugen mit einem Verbrennungsmotor wird derzeit vor allem mit fossilen Brennstoffen gedeckt. Es handelt sich dabei überwiegend um Mineralölkraftstoffe, die hauptsächlich aus Mischungen unterschiedlicher Kohlenwasserstoffe bestehen. Otto- und Dieselkraftstoffe bestehen dabei aus über 200 verschiedenen Kohlenwasserstoffverbindungen, die je nach chemischem Aufbau und Anteil wesentlichen Einfluss auf die Kraftstoffumsetzung haben. Ein solches Gemisch kann also ersatzweise durch einen $C_aH_bO_c$-Brennstoff angenähert werden. Bei einer vollständigen Verbrennung eines solchen nur aus C-, H- und O-Atomen bestehenden Kraftstoffs, würde folgende chemische Reaktion ablaufen:

$$C_aH_bO_c + (a + \frac{1}{4}b - \frac{1}{2}c)O_2 \leftrightarrow \frac{1}{2}bH_2O + aCO_2 \qquad \text{(Gleichung 2-1)}$$

Das so entstandene Abgas enthält somit die Komponenten Sauerstoff (O_2), Stickstoff (N_2), Kohlendioxid (CO_2) und Wasserdampf (H_2O).
Die reale stoffliche Umsetzung verläuft jedoch nicht ideal. Außerdem enthält der Kraftstoff weitere Komponenten und Verunreinigungen, die an den chemischen Reaktionen teilnehmen. Es treten so Produkte unvollständiger Verbrennung auf, so dass sich im Motorabgas folgende typische Schadstoffkomponenten befinden.

- Kohlenmonoxid (CO)
- unverbrannte Kohlenwasserstoffe (HC)
- Stickstoffoxide (NO_x)
- Partikel inklusive Ruß und Aschen
- weitere Schadstoffe wie Schwefeldioxid (SO_2) und Aldehyde (H-C-O-Verbindungen)

Mit einem weltweit ansteigenden Fahrzeugbestand ergeben sich entsprechende Steigerungen des Schadstoffausstoßes. Aufgrund der hohen Schadstoffbelastung der Luft schreibt der Gesetzgeber eine Reduktion der im Abgas enthaltenen Schadstoffe vor. Die limitierten Hauptschadstoffkomponenten sind CO, HC, NO_x und Partikel. Die Summe aller Schadstoffkomponenten des Gesamtabgases liegt bei unter einem Prozent [2].
Neben den Abgasschadstoffen wird versucht, den Kohlendioxidausstoß zu verringern. Kohlendioxid hat zwar nur bei höheren Konzentrationen eine direkte gesundheitsschädigende Wirkung auf den Menschen, wird jedoch als mitverantwortlich für den Treibhauseffekt angesehen. CO_2 kann als Produkt einer vollständigen Verbrennung nur über einen geringeren Kraftstoffverbrauch verringert werden. Des Weiteren ergibt sich durch die Verwendung eines veränderten Brennstoffs, der bezogen auf seinen Heizwert einen geringeren Kohlenstoffanteil aufweist, auch eine Kohlendioxidreduktion im Abgas (z. B. Erdgas oder Wasserstoff) [8].

2.1 Schadstoffentstehung im Dieselmotor

Eine wichtige Aufgabe für die Entwickler von Pkw-Dieselmotoren ist das Erfüllen von zukünftigen Abgasnormen. Um eine Reduzierungsstrategie zu entwickeln, kommt dem Verständnis der Schadstoffbildung eine große Bedeutung zu. Im Folgenden wird daher genauer auf die Bildungsmechanismen der gesetzlich reglementierten Schadstoffkomponenten basierend auf [9] eingegangen.

2.1.1 Kohlenmonoxid

Kohlenmonoxid ist ein farb- und geruchloses Gas. Es hemmt beim Menschen die Sauerstoffaufnahmefähigkeit des Blutes, was zum Tod durch Erstickung führen kann [2]. Kohlenmonoxid ist grundsätzlich ein Zwischenprodukt bei der Verbrennung von kohlenstoffhaltigen Kraftstoffen. Bei idealer Reaktion mit Sauerstoff nach Gleichung 2-1 erfolgt eine vollständige Umsetzung des Kohlenmonoxids in Kohlendioxid. In Folge von unvollständiger Oxidation durch Sauerstoffmangel entsteht CO in Zonen mit fettem Kraftstoff-Luft-Gemisch. Der Oxidationsmechanismus unterscheidet sich dabei je nach Kraftstoff-Luft-Verhältnis. Bei der konventionellen dieselmotorischen Verbrennung treten im Abgas nur sehr geringe Konzentrationen auf, die lediglich bei Annäherung an die Volllast stärker ansteigen. Es ist jedoch anzumerken, dass aufgrund der stark inhomogenen Gemischbildung beim Dieselmotor örtlich sehr hohe CO-Konzentrationen auftreten können, die durch den globalen Sauerstoffüberschuss infolge von Nachoxidation noch im Brennraum weitestgehend abgebaut werden. Dabei hängt der Grad der Nachoxidation im Wesentlichen vom Gesamtluftverhältnis sowie dem Brennverfahren ab, so dass sich auch hohe Kohlenmonoxidkonzentrationen im Abgas ergeben können.

Sauerstoffmangel ($\lambda<1$)

Im unterstöchiometrischen Bereich konkurrieren die Umsatzreaktionen des Hydroxylradikals (OH).

$$CO+OH \leftrightarrow CO_2+H \qquad \text{(Gleichung 2-2)}$$

$$H_2+OH \leftrightarrow H_2O+H \qquad \text{(Gleichung 2-3)}$$

Die zweite Reaktion läuft wesentlich schneller ab, so dass verfügbare OH-Radikale gebunden werden und somit auf der Eduktseite der ersten Reaktion nicht zur Verfügung stehen. Dies resultiert in hohe CO-Konzentrationen.
Steigen die Temperatur und das Luftverhältnis, gleichen sich die Geschwindigkeiten der beiden Konkurrenzreaktionen an. Es ergibt sich eine erhöhte Kohlendioxidbildung und die CO-Konzentration nimmt ab.

Stöchiometrischer Bereich ($\lambda\approx1$)

Hier können die Reaktionen aus dem unterstöchiometrischen Bereich als Bruttovorgang durch die Wassergasgleichung ersetzt werden.

$$CO+H_2O \leftrightarrow CO_2+H_2 \qquad \text{(Gleichung 2-4)}$$

Die Kohlenmonoxidkonzentration entspricht dabei dem Gleichgewicht.

Sauerstoffüberschuss ($\lambda>1$)

Im überstöchiometrischen Bereich stehen wiederum Reaktionen in Konkurrenz zueinander, weswegen ein globaler Sauerstoffüberschuss nicht gleichzeitig die Vermeidung von Kohlenmonoxid durch die vollständige Oxidation zu CO_2 bedeutet.

$$CO+OH \leftrightarrow CO_2+H \qquad \text{(Gleichung 2-5)}$$

$$O_2 + H \leftrightarrow OH + O$$ (Gleichung 2-6)

Die CO-Oxidation wird hier dadurch verlangsamt, dass diese Reaktion nicht im Gleichgewicht steht und relativ mehr Wasserstoff- als Hydroxylradikale vorhanden sind [9].
Bei weiter erhöhten Lambdawerten (λ>1,4) entsteht durch ein geringeres Temperaturniveau und der daraus resultierenden schlechteren Oxidation vermehrt Kohlenmonoxid. Sinkende Temperaturen in Brennraumwandnähe sind auch hier der Grund für die steigende CO-Konzentration.
Ein solches Abmagern des Gemisches und die damit verbundene Temperatursenkung treten bei der dieselmotorischen Verbrennung bei der Teillast, besonders in den mageren Randbereichen des Einspritzstrahles auf, so dass hier die Kohlenmonoxidemissionen ansteigen.

2.1.2 Unverbrannte Kohlenwasserstoffe

Kohlenwasserstoffe (HC, Hydrocarbon) bestehen aus einer Vielzahl unterschiedlicher Verbindungen von Kohlenstoff und Wasserstoff. Sie reizen je nach Verbindung die Schleimhäute und gelten teilweise als krebserregend.
Da nach der Reaktionsgleichung für die ideale Umsetzung (Gleichung 2-1) bei ausreichendem Sauerstoff keine Kohlenwasserstoffe auf der Produktseite vorkommen, muss auch hier der Entstehungsgrund bei einer unvollständigen Umsetzung gesucht werden. Somit ist ein Grund für die dieselmotorischen Kohlenwasserstoffemissionen eine schlechte Gemischbildung, da so fette Brennraumbereiche entstehen, die in Zonen geringer Temperaturen, wie sie im wandnahen Bereich herrschen, nicht ausreichend oxidiert werden (Quenching-Effekt).
In dem äußeren Einspritzstrahlbereich können zu magere Gemischbedingungen herrschen, die kein zündfähiges Gemisch beinhalten. Der innere Strahlbereich kann hingegen zu fett für die vollständige Gemischumsetzung sein.
Sinken die Temperatur und die Druckverhältnisse während des Expansionstaktes zu sehr ab, kann die Flammenausbreitung nicht mehr aufrechterhalten werden und die Oxidationsreaktionen brechen ab.
Eine besondere Bedeutung kommt dem Einspritzsystem zu. Ergeben sich durch ein ungewolltes erneutes Öffnen der Einspritzdüse Nacheinspritzungen, weisen diese große mittlere Tropfendurchmesser auf, die teilweise nur unvollständig nachoxidiert werden können.
Weitere Kohlenwasserstoffemissionen können bei der Expansion durch Desorption aus dem Schmierfilm stammen [2].

2.1.3 Stickstoffoxide

Bei hohen Konzentrationen in der Atemluft haben Stickstoffoxide eine toxische Wirkung auf den menschlichen Organismus. Sie verstärken außerdem die Ozon-Bildung in Bodennähe und fotochemischen Smog.
Unter dem Sammelbegriff Stickstoffoxide (bzw. Stickoxide) werden die verschiedenen Oxide des Stickstoffes zusammengefasst. Aus Abgasen resultieren dabei hauptsächlich Stickstoffmonoxid NO, Stickstoffdioxid NO_2 und Distickstoffoxid N_2O. NO_2 entsteht bei der Oxidation von NO (Gleichung 2-7)

$$2NO + O_2 \leftrightarrow 2NO_2$$ (Gleichung 2-7)

Das Gleichgewicht der Reaktion liegt bei Umgebungstemperatur auf der Produktseite [10]. Bei der motorischen Verbrennung selbst entsteht hauptsächlich Stickstoffmonoxid, das erst in der Atmosphäre nahezu vollständig in Stickstoffdioxid umgewandelt wird.

Das NO kann bei der Verbrennung auf vier unterschiedliche Arten entstehen. Die Aufteilung auf die Entstehungsart geschieht entsprechend ihrer Quellen bzw. ihres Bildungsmechanismus.

1. Thermisches NO
2. Promt-NO
3. Distickstoffoxid-NO
4. Brennstoff-NO

<u>Thermisches NO</u>

Das thermische NO wird innerhalb der Verbrennungsprodukte, also hinter der Flammenfront gebildet. Bei den hier herrschenden hohen Temperaturen und aus dem in der Luft enthaltenem Stickstoff erfolgt die Entstehung über den erweiterten Zeldovich-Mechanismus. Dieser besteht aus drei Elementarreaktionen:

1. $O^{\bullet} + N_2 \xleftrightarrow{k_1} NO + N^{\bullet}$ (Gleichung 2-8)
2. $N^{\bullet} + O_2 \xleftrightarrow{k_2} NO + O^{\bullet}$ (Gleichung 2-9)
3. $N^{\bullet} + OH^{\bullet} \xleftrightarrow{k_3} NO + H^{\bullet}$ (Gleichung 2-10)

Während der motorischen Verbrennung liegt die momentane NO-Konzentration unterhalb der Gleichgewichtskonzentration der entsprechenden Temperatur. Aus diesem Grund ist die Hinreaktion entscheidend für den Gesamtumsatz [9].
Die Reaktion nach Gleichung 2-8 bestimmt die Bildungsgeschwindigkeit des Stickstoffmonoxids, da hier neben dem eben genannten Produkt auch atomarer Stickstoff entsteht, der als Edukt für die anderen Elementarreaktionen zur Verfügung stehen muss. Stickstoff liegt in der Luft als zweiatomiges Molekül vor, wobei die Atome über eine stabile Dreifachbindung verknüpft sind. Aus diesem Grund ist für die Dissoziation des N_2-Moleküls eine hohe Aktivierungsenergie nötig, so dass die erste Reaktion (Gleichung 2-8) erst bei hohen Temperaturen, hinreichendem Sauerstoffangebot und einer entsprechenden Verweilzeit ausreichend schnell abläuft, woher sich auch der Name „thermisches NO" erklärt. Ab einer Temperaturschwelle von ca. 1800K steigt die thermische NO-Bildung exponentiell an, d. h. eine Temperaturerhöhung von 2000K auf 2500K bedeutet einen 50-fachen Anstieg an thermisch gebildetem NO.
Zusammenfassend sind die Haupteinflussgrößen für die Bildung nach diesem Mechanismus neben der hohen Temperatur auch die Verweilzeit bei diesen Temperaturen sowie das Luftverhältnis. Wegen der starken Temperaturabhängigkeit ist mit einer nennenswerten thermischen NO-Bildung erst ab einer Temperatur über 2000K zu rechnen [11]. Bei der motorischen Verbrennung entstehen ca. 90-95% der Stickstoffoxide über den Zeldovich-Mechanismus. Unter Berücksichtigung der Einflussparameter ergibt sich die NO-Bildungsrate nach [9] aus der geschwindigkeitsbestimmenden Gleichung (Gleichung 2-8). Es handelt sich jedoch nur um eine vereinfachte Abschätzung, in der die Rückreaktion vernachlässigt wurde, wobei $k_{1,H}$ die Geschwindigkeitskonstante der Hinreaktion ist.

$$\frac{d[NO]}{dt} = 2k_{1,H}[O][N_2] \qquad \text{(Gleichung 2-11)}$$

Die Sauerstoffatomkonzentration kann nach Bockhorn auch vereinfacht angenähert werden durch [9]:

$$[O] = 0{,}13[O_2]^{\frac{1}{2}} \exp\left\{-\frac{29468}{T}\right\} \qquad \text{(Gleichung 2-12)}$$

Wird die Geschwindigkeitskonstante der Hinreaktion der ersten Gleichung mit $k_{1,H} = 1{,}8 \cdot 10^{11} \cdot \exp\left(-\frac{38370}{T}\right)$ in die Gleichung eingesetzt, ergibt sich die angenäherte Beziehung für die NO-Bildungsrate:

$$\frac{d[NO]}{dt} = 4{,}7 \cdot 10^{13}[N_2][O_2]^{\frac{1}{2}} \exp\left\{-\frac{67837}{T}\right\} \qquad \text{(Gleichung 2-13)}$$

<u>Prompt-NO</u>

Der Mechanismus zur Prompt-NO Bildung wurde erstmals von Fenimore beschrieben, woher auch die Bezeichnung Fenimore-NO geläufig ist. Bei der Verbrennung von Kohlenwasserstoffen verläuft die NO_x-Bildung über einen Kohlenwasserstoff-Radikalangriff auf den molekularen Stickstoff N_2. Dies geschieht in der Flammenfront unter brennstoffreichen Bedingungen. Die Bildungsmechanismen sind im Vergleich zu der thermischen NO-Entstehung wesentlich komplizierter, da das eduktseitige CH-Radikal in verschiedenster Art reagieren kann. Daher wird auch nur die Ausgangsreaktion angeführt (Gleichung 2-14).

$$CH + N_2 \leftrightarrow HCN + N \qquad \text{(Gleichung 2-14)}$$

Das so entstandene Wasserstoffcyanid-Radikal (HCN) reagiert bei hohen Temperaturen und ausreichendem Sauerstoffangebot schnell zu Stickstoffmonoxid weiter. Durch die relativ geringe Aktivierungsenergie der Reaktion läuft dieser Mechanismus bereits bei Temperaturen von ca. 1000K ab. Bei der motorischen Verbrennung entstehen ca. 5-10% des Stickstoffoxids über den Fenimore-Mechanismus.

<u>Distickstoffoxid-N_2O</u>

Hier reagiert das Stickstoffmolekül N_2 mit einem Sauerstoffradikal ähnlich der geschwindigkeitsbestimmenden Reaktion des Zeldovich-Mechanismus (Gleichung 2-8). Es folgt jedoch unter Mitwirkung eines weiteren Reaktionspartners M eine Stabilisierung, so dass nicht NO sondern N_2O entsteht (Gleichung 2-15).

$$N_2 + O + M \leftrightarrow N_2O + M \qquad \text{(Gleichung 2-15)}$$

Die NO-Bildung erfolgt anschließend durch eine Oxidation des Distickstoffoxids (Gleichung 2-16).

$$N_2O + O \leftrightarrow 2NO \qquad \text{(Gleichung 2-16)}$$

Die Aktivierungsenergie der Reaktion nach Gleichung 2-15 ist gering, so dass dieser Mechanismus auch bei geringen Temperaturen stattfinden kann. Des Weiteren ist aus dem eduktseitigen Sauerstoff erkennbar, dass diese Reaktion in mageren Brennraumzonen abläuft.
Ist das Gemisch für eine NO-Entstehung über den Fenimore-Mechanismus zu mager und das Temperaturniveau für das thermische NO zu gering, gewinnt die Bildung über Distickstoffoxid an Bedeutung. Da das N_2O in einer Dreierstoßreaktion gebildet wird, verschiebt sich das Gleichgewicht bei einem Druckanstieg auf die Produktseite, so dass verstärkt Stickstoffoxid entsteht [9].
Durch diese Parameter ist die NO-Entstehung aus Distickstoffoxid eher wichtig für die Verbrennung in Gasturbinen oder in Otto-Magermotoren, nicht aber bei der konventionellen Dieselverbrennung. Bei zukünftigen alternativen Brennverfahren, wie der Homogenen Dieselverbrennung, kann diesem Mechanismus aber eine größere Bedeutung zukommen.

Brennstoff-NO

Brennstoff-NO entsteht bei der Verbrennung aus dem im Brennstoff gebundenen Stickstoff. Dieser Mechanismus ist jedoch irrelevant für die dieselmotorische Verbrennung, da nahezu kein Stickstoff in dem Kraftstoff gebunden ist. Alternative Kraftstoffe mit molekularem Stickstoffanteil werden im Rahmen dieser Arbeit nicht betrachtet.

2.1.4 Partikel

Mit dem Begriff Partikel werden Abgasbestandteile bezeichnet, welche anhand einer speziellen Filtermethodik nach EN ISO 8178 von den übrigen motorischen Verbrennungsprodukten separiert werden können [9]. Hierbei handelt es sich überwiegend um elementaren Kohlenstoff, d. h. Ruß und weitere organische Verbindungen wie polyzyklische aromatische Kohlenwasserstoffe (PAK) [2]. Einen geringeren Anteil nehmen anorganische Komponenten wie Sulfate, Aschen und motorischer Abrieb ein [2]. Über die resultierende Partikelzusammensetzung entscheiden u. a. das Brennverfahren, der Betriebspunkt und der verwendete Kraftstoff.
Die Wirkung von Rußpartikeln auf den Menschen ist heute noch nicht vollständig geklärt. Neben einer schädigenden Wirkung der lungengängigen Partikel, analog zu anderen Feinstäuben, wird auch eine kanzerogene Wirkung durch die angelagerten polyzyklischen aromatischen Kohlenwasserstoffe diskutiert [12].

Die Rußkinetik ist ein komplexer chemischer und physikalischer Vorgang, weshalb die Bildung noch nicht gänzlich verstanden ist und so diverse Hypothesen existieren. Werden die Bildungstheorien zusammengefasst, ergibt sich die Partikelentstehung nach einem vereinfachten Schema: Kraftstoffmoleküle werden chemisch zu Ethin (C_2H_2) und C_3H_3-Ionen reduziert und es bilden sich erste Benzolringe. Die Bildung des ersten Kohlenwasserstoffringes wird dabei mit zwei verschiedenen Hypothesen, der Acetylen- und der Ionen-Hypothese erklärt [2] [9]. Anschließend erfolgt eine Polymerisation der Ringe zu den polyzyklischen aromatischen Kohlenwasserstoffen. Unter fortschreitender Dehydrierung wird so der Kohlenstoffanteil erhöht. Es folgt eine Kondensation und eine Bildung von ersten Rußkeimen mit einer Größe von etwa ein bis drei Nanometern (Nukleation). Diese Rußkerne bilden unter Oberflächenwachstum und zusammen mit anderen Kernen Rußprimärteilchen

mit Durchmessern größer 10 nm, an denen sich andere Substanzen anlagern. Die Primärpartikel schließen sich wiederum unter sich zusammen und es entstehen lange kettenförmige Strukturen (Agglomeration).
Diesen Bildungsprozessen steht jedoch ein ständiger Abbauprozess gegenüber, bei dem die Rußteilchen durch Oxidation mit Sauerstoff und mit Hydroxylradikalen weiterreagieren und andere Produkte bilden [13].
Der Größenbereich der Rußpartikel erstreckt sich bis über 100 nm mittleren Durchmesser. In der Abbildung zum Rußertrag ist die Abhängigkeit von den Parametern Temperatur und Luftverhältnis erkennbar (Abbildung 2-1).
Ruß tritt bei der Verbrennung unter extremem Sauerstoffmangel auf, was den lokalen Gegebenheiten bei der dieselmotorischen Verbrennung entspricht. Da bei der Diffusionsverbrennung alle Luftverhältnisbereiche auftreten, existieren somit auch die kritischen Lambdabereiche ($\lambda<0{,}6$).

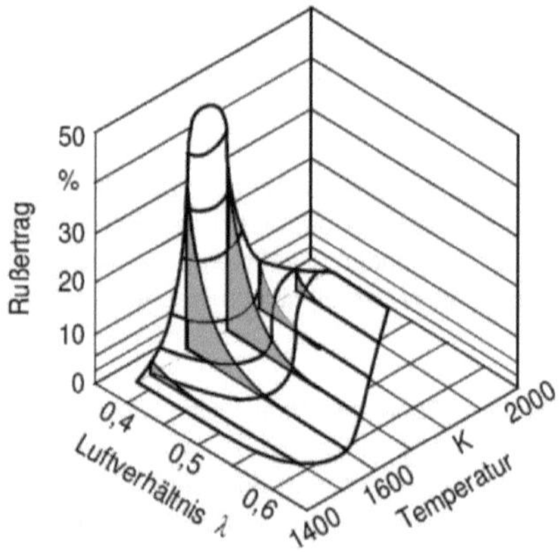

Abbildung 2-1 [2]: Rußertrag als Funktion von Luftverhältnis und Temperatur

In der Brennzone des Einspritzstrahles finden sich bereits günstige Bedingungen für die Bildung von Primärpartikeln, d. h. ein fettes Gemisch bei Temperaturen von über 1500K [14]. Aus diesem Grund wird schon frühzeitig während des Verbrennungsvorganges Ruß gebildet, der im weiteren Verbrennungsablauf oxidiert und somit zu großen Teilen wieder abgebaut wird. Hier muss der Einfluss der Temperatur von zwei Seiten betrachtet werden, weil hohe Temperaturen sowohl die Bildung als auch die Nachoxidation beeinflussen. Durch die Nachoxidation wird die Rußkonzentration auf bis zu 2% bezogen auf den insgesamt gebildeten Ruß reduziert [2]. Von großer Bedeutung ist hier die Phasenlage und Einwirkzeit der hohen Temperaturen. Zu Beginn der Verbrennung wird also die Rußbildung und gegen Ende der Verbrennung die Rußoxidation unterstützt. Kritisch für die Partikelentstehung ist dabei ein Temperaturbereich von 1500K bis 1900K. Der Druckeinfluss auf die Rußkinetik ist verhältnismäßig gering. Ein Einflussfaktor auf die Rußoxidation ist hierbei die Wirkung über den Sauerstoffpartialdruck. Die Größe der letztendlich resultierenden Dieselpartikel entspricht einer tri-modalen Verteilung [15] [16], dargestellt in Abbildung 2-2.

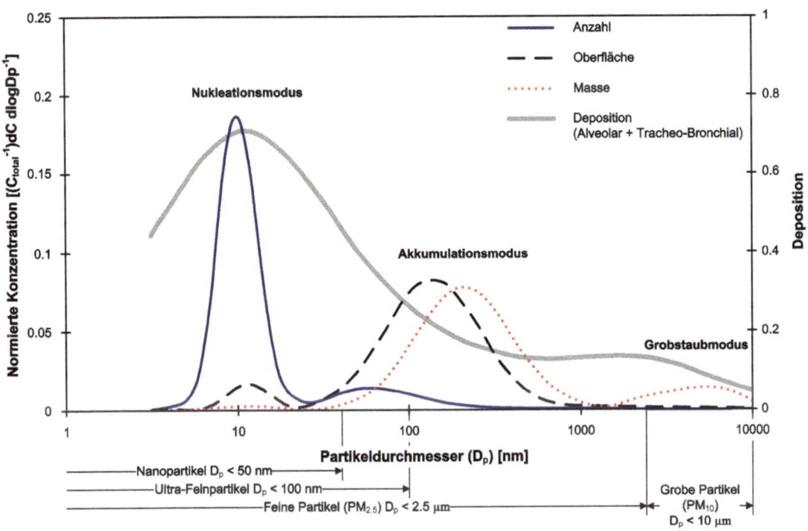

Abbildung 2-2 [16]: Dieselmotortypische Partikelgrößenverteilung und alveolare Deposition

Typischerweise beinhaltet der Nukleationsmodus weniger als 10% der Partikelmasse, jedoch bis über 90 % der Partikelanzahl. Der Massenanteil resultiert überwiegend aus dem Akkumulationsmodus, des Weiteren zu über 5% aus dem Grobstaubmodus [16]. Gewöhnlich besteht der Nukleationsmodus aus flüchtigen Bestandteilen, in einigen Fällen jedoch aus sehr kleinen festen Partikeln. Der Akkumulationsmodus setzt sich aus agglomeriertem Kohlenstoff mit darauf angelagerten Substanzen zusammen. Die im Abgaspfad zunächst abgelagerten und sich dann wieder ablösenden Partikel bilden den Grobstaubmodus. Eine weiterführende Betrachtung der Partikelgrößenverteilung erfolgt in [13] [16] [17] [18].

In Abbildung 2-2 ist zudem das Depositionsverhalten der einatembaren Partikelfraktionen aufgezeigt. Besonders kritisch ist das Aerosol mit geringen Partikeldurchmessern und mit einer maximalen Deposition im Bereich des Maximums des Nukleationsmodus.

2.2 Dieselmotorische Verbrennung

Der konventionelle Dieselmotor weist eine innere Gemischbildung auf, wobei die im Serieneinsatz befindlichen Dieselmotoren mit Direkteinspritzung und Mehrlochdüsen versehen sind. Kraftstoff wird von dem Einspritzsystem zur Verfügung gestellt und gegen Ende des Verdichtungstaktes unter hohem Druck in den Brennraum eingebracht. Der Verlauf der dieselmotorischen Verbrennung wird daher maßgeblich durch das Leistungsvermögen des Einspritzsystems beeinflusst. Zwischen dem Einspritzbeginn und dem tatsächlichen Brennbeginn vergeht eine gewisse Zeitspanne, die mit dem Begriff Zündverzugsphase bezeichnet wird. Diese Phase beinhaltet physikalische Vorgänge der Kraftstoffaufbereitung und chemische Vorreaktionen bis zur Selbstzündung.

Die Kraftstoffaufbereitung beschreibt die Gemischbildung nach dem Beginn der Einspritzung und ist dabei von diversen Parametern abhängig. Wegen des hohen Druckes an der Einspritzdüse tritt der Brennstoff mit hoher Geschwindigkeit und Turbulenz in die hochverdichtete Zylinderladung ein und reißt das heiße Brennraumgas mit sich. Eine große Rolle spielt der Strahlzerfall, da die Kraftstoffverdampfung und damit die Gemischbildung

erst bei hinreichend kleinen Tropfen einsetzt [2] [19] [20] [21]. Der Zerfall kann dabei in Primär- und Sekundärzerfall unterteilt werden. Mit Primärzerfall werden die Effekte von Kavitation und Turbulenz, die schon im Düsenkanal einsetzen und sich noch bis kurz nach dem Strahlaustritt aus der Einspritzdüse auswirken, bezeichnet. Der mittlere Tropfendurchmesser ist dann bereits deutlich kleiner als der Bohrungsdurchmesser der Einspritzdüse.
Der Sekundärzerfall beschreibt die sich anschließenden Vorgänge der Tropfenbildung durch zunächst hauptsächlich aerodynamische Einflüsse, bzw. durch die Interaktion des Kraftstoffstrahls mit der Brennraumwand. Letzteres ist abhängig von der Strahleindringtiefe und der Motorgröße, bzw. der Motorauslegung und Applikation [19] [21].

Die Entflammung der Kohlenwasserstoffe ist von dem im Brennraum herrschenden Druck- und Temperaturniveau abhängig. Typisch für den Dieselmotor ist die Mehrphasige Niedertemperaturentflammung wobei die Energie für die Zündung aus der Kompression stammt. Die dabei ablaufenden Prozesse und Reaktionen sind sehr komplex und noch nicht vollständig verstanden.
Um die Gemischbildung und die Entflammung in Hinblick auf die Emissionsproblematik besser fassen zu können, wurden Untersuchungen an Brennkammern oder Transparentmotoren durchgeführt [14] [20].
Eine umfassende Modellvorstellung wird in [14] gegeben. Hier konnten die bestehenden Vorstellungen des Entflammungs- und Verbrennungsablaufes in DI-Dieselmotoren mit den Erkenntnissen aus der Laserdiagnostik am Nkw-Transparentmotor erweitert werden. Dazu wurde der Einspritzstrahl von Einspritzbeginn bis zur Ausbildung der diffusiven Flamme mit der Laserschnitttechnik untersucht. Eine idealisierte Darstellung der frühen Gemischbildungsphase von ein bis zehn Grad Kurbelwinkel nach Einspritzbeginn (ESB) ist in Abbildung 2-3 dargestellt. Ebenso ist der Zündverzug zu erkennen, der sich in dem zeitlichen Versatz zwischen dem Beginn der Kraftstoffeinbringung und dem Brennbeginn äußert.

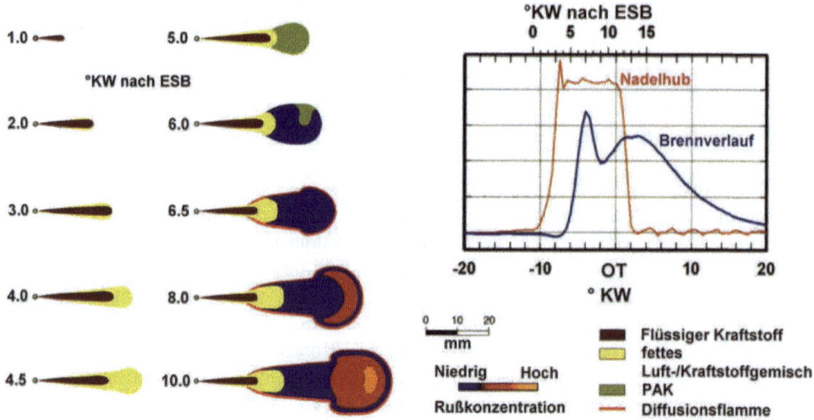

Abbildung 2-3 [14]: Schematische Darstellung der Sprayverbrennung als Resultat der Laserdiagnostik

Der aus der Einspritzdüse austretende Kraftstoff reißt die heiße Brennraumluft mit sich und die Verdampfung setzt ein. Der Strahl fächert durch die aerodynamische Wechselwirkung mit der Brennraumluft auf und es bildet sich entlang des Strahlmantels eine Hülle aus einem

stark unterstöchiometrischen Luft-Kraftstoff-Gemisch. Strahlabwärts setzt sich die Durchmischung und Erwärmung fort, so dass auch der flüssige Strahlkern in die Dampfphase übergeht. Die maximale Eindringtiefe des flüssigen Strahlanteils wird bei etwa 5°KW nach Einspritzbeginn erreicht, wenn die äußeren dampfförmigen Regionen eine Temperatur von ca. 750K aufweisen. Temperaturbedingt treten typische Zerfallsreaktionen von Kohlenwasserstoffanteilen des Kraftstoffes auf, die eine Kraftstoffaufbereitung unterstützen. Bei dieser dieselmotorischen Mehrphasigen Niedertemperaturentflammung läuft die Bildung von Peroxiden ohne Temperatur- und Drucksteigerung bei Temperaturen von ca. 600K ab. Auch bei der Aldehydbildung sind die Druck- und Temperatursteigerungen gering, so dass diese Bildungsreaktionen bei der Entflammung von Kohlenwasserstoffen mit dem Begriff der kalten Flamme bezeichnet und eingeordnet werden [9].
Der fortschreitende Wärmeübertrag lässt die Strahltemperatur auf etwa 825K und damit auch die Rate des Kraftstoffzerfalls ansteigen. Die höheren Temperatur- und Kraftstoff-Luftverhältnisse begünstigen neben der physikalischen Aufbereitung auch die chemischen Reaktionsbedingungen, so dass Oxidationsprodukte wie die Kraftstofffragmente C_2H_2, C_2H_4 und C_3H_3, sowie CO und H_2O entstehen. Derartige Kraftstofffragmente bilden die Grundlagen für die Bildung von PAK und stellen somit die Rußvorläufer dar (Absatz 2.1.4).
Besonders die Oxidationsreaktion mit dem Produkt H_2O verläuft unter hoher Energieabgabe, so dass dieser rasche explosive Stoffumsatz den Brennbeginn und damit das Ende der Zündverzugsphase beschreibt [2] [14]. Nach dem Brennbeginn erfolgt ein rapider Umsatz der bereits in der Zündverzugsphase aufbereiteten Gemischmasse, was sich in Abbildung 2-3 (rechts oben) in dem absoluten Maximum des Brennverlaufs ausdrückt und mit Premixed- oder Vormischanteil der Verbrennung bezeichnet wird [22].
Die Brennraumtemperaturen steigen weiter an und führen über die Brennraumströmungsvorgänge zu einem weiteren Aufheizen des Kraftstoffstrahles und damit auch zu besseren Aufbereitungsbedingungen der Brennstofftropfen. Somit wird die resultierende Eindringtiefe der flüssigen Anteile des Kraftstoffstrahles verringert und die Entflammungszone strahlaufwärts verschoben [14] (Abbildung 2-3; 5-6,5°KW n. ESB).
Die Entflammungszone des Vormischanteils der Verbrennung reduziert sich nach der Umsetzung des in der Zündverzugsphase aufbereiteten Kraftstoffes auf einen schmalen Bereich, in dem unterstöchiometrisches Luft-Kraftstoffgemisch umgesetzt wird und die bereits erwähnten Rußvorläufer gebildet werden. Dabei wird der bereits zugemischte Sauerstoffanteil komplett umgesetzt und es werden Temperaturen von ca. 1600K erreicht. Die so entstandenen unvollständig oxidierten Reaktionsprodukte werden zu großen Teilen in den sauerstoffreicheren Zonen des äußeren Spraybereiches weiter umgesetzt. Diese Oxidationsreaktionen erfolgen im nahestöchiometrischen Bereich und bei hohen Temperaturen in Form von diffusiven Flammen, die sich an der Peripherie des Sprays bilden (Abbildung 2-3; 6,5°KW n. ESB). Die Reaktionsprodukte bei diesen Bedingungen entsprechen weitestgehend den unschädlichen Verbrennungsprodukten Kohlendioxid und Wasser. Das Spray geht so in einen quasi-stationären Strahl über (Abbildung 2-4).
In dem quasi-stationären Strahl steigt die Kraftstofftemperatur von ca. 350K durch die Vermischung mit der heißen Brennraumluft (ca. 950K) auf etwa 650K an, bis an der Peripherie die Diffusionsflamme ausgebildet wird. Aus dieser gelangen unvollständig verbrannte Bestandteile in die inneren Regionen des Kraftstoffstrahls, wodurch sich dieser bis auf ungefähr 825K erwärmt. Ab diesem Temperaturniveau laufen Oxidationsreaktionen in einer schmalen Zone unter Bildung der Rußvorläufer ab. Diese Reaktionsprodukte der Vormischflamme wachsen bei unterstöchiometrischen Bedingungen innerhalb des Strahls bei Temperaturen von etwa 1600K zu Rußpartikeln heran.

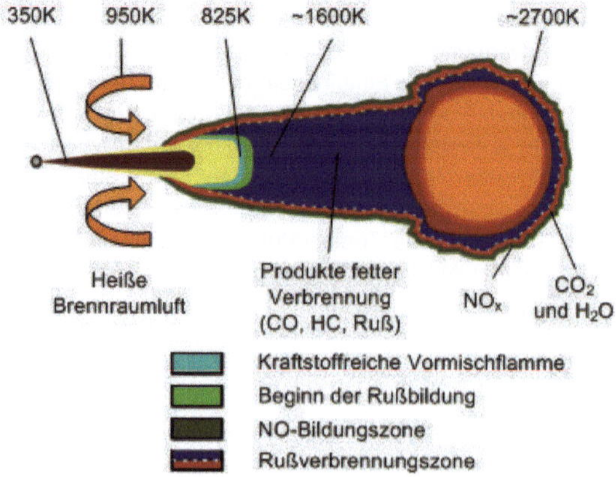

Abbildung 2-4 [14]: Quasistatisches Strahlmodell der konventionellen Diffusionsverbrennung

In dem sauerstoffreichen Mantelbereich werden die Rußanteile weitestgehend nachoxidiert, so dass die resultierende Konzentration im Abgas gering ist. Die lokalen Spitzentemperaturen von bis zu 2700K erfüllen in Kombination mit dem reichlich vorhandenen Sauerstoff die NO-Bildungsbedingungen.
Die Gesamtemissionen der Stickstoffoxide setzen sich also aus einem Anteil zusammen, der aus der Diffusionsverbrennung resultiert, wobei die Bildung insbesondere hinter der Diffusionsflammenfront zur thermischen NO-Bildung führt. Weitere Stickstoffoxidquelle ist der Anteil aus der Vormischverbrennung, die im nahestöchiometrischen Bereich abläuft. Aus dieser resultiert jedoch, entsprechend des relativ hohen Sauerstoffanteils, nahezu kein Ruß.
Die Rußkonzentration im Abgas steigt erst gegen Ende des Verbrennungsvorgangs an, da sinkende Temperaturen und lokaler Sauerstoffmangel an der Sprayperipherie die Oxidationsbedingungen und damit die Umsatzrate senken [24].
Die gleichen Gründe führen auch zu einem Anstieg der Kohlenmonoxid- und Kohlenwasserstoffemissionen. Diese Erkenntnisse können genutzt werden, um die heutigen Brennverfahren in Richtung einer schadstoffärmeren Kraftstoffumsetzung zu optimieren.

2.2.1 NO_X-PM-Trade-Off

Bei der konventionellen Dieselverbrennung existiert ein Zielkonflikt zwischen den Ruß- und Stickoxidemissionen. Maßnahmen zur Reduzierung der einen Schadstoffkomponente führen meist zum Anstieg der anderen. Die Problematik des so genannten Stickoxid-Partikel-Trade-Offs resultiert aus den unterschiedlichen Phasen der Kraftstoffumsetzung und aus der Gewichtung der Vormischverbrennung zu der quasi-stationären Umsetzung. Der Rußabbau über die Oxidationsreaktionen in der Diffusionsflamme steht im Konflikt mit den hier herrschenden günstigen Bedingungen für die Stickoxidbildung.
Die Schadstoffreduzierung über konventionelle innermotorische Maßnahmen ist daher ein Kompromiss zwischen geringen Ruß- und Stickoxidemissionen.

2.2.2 Instationärer Betrieb

Typische Beispiele für den instationären Betrieb in einem Fahrzeugeinsatz sind die Beschleunigung, die Verzögerung und der Kaltstart.
Der instationäre Betrieb eines Pkw bedeutet in der Praxis das Betreiben des Motors mit ständig wechselnder Last und Drehzahl. Mit den Fahrzuständen ändern sich die Druck- und

Temperaturverläufe aufeinander folgender Arbeitstakte im Brennraum und somit auch die Reaktionsbedingungen für die Kraftstoffumsetzung. Die während einer stationären Messung gewonnenen Kenntnisse über die Schadstoffemissionen sind daher nur bedingt aussagekräftig, da die gesetzlichen Prüfverfahren in ihren Testzyklen instationäre Anteile enthalten. Als Beispiel ist der Neue Europäische Fahrzyklus (NEFZ) zu nennen, in dem der transiente Betriebszustand eines Dieselfahrzeugs bereits mit über 50% an den Stickoxidemissionen beteiligt ist [25]. Es ist daher wichtig, die Emissionsanteile gerade aus dem transienten Motorbetrieb gezielt beeinflussen zu können. Um auf zusätzliche Abgasnachbehandlungskonzepte verzichten zu können, liegt es nahe, die Reduzierung der Motorrohemissionen über innermotorische Maßnahmen zu erreichen.

2.2.3 Kaltstartproblematik des Dieselmotors

Entsprechend des im vorigen Kapitel beschriebenen dieselmotorischen Brennverfahrens muss der Kraftstoff für die Zündung sowohl physikalisch als auch chemisch aufbereitet werden. Hat der Motor noch nicht die Betriebstemperatur erreicht, führt dies zu einer nicht optimalen Verbrennung und damit zu erhöhtem Schadstoffausstoß.

Potentiale zur Verbesserung dieser Problematik bieten ein variables Verdichtungsverhältnis, sowie die Verwendung einer Fremdzündung [26], bzw. einer brennverfahrensunterstützenden Glühkerzenanwendung [23].

3 Kraftstoffe

Kraftstoffe können nach dem Ursprung ihrer Primärenergie unterschieden werden. Wie in Abbildung 3-1 dargestellt, sind Primärenergien die endlichen Energien wie Erdöl, Erdgas, Kernenergie, Kohle und die erneuerbaren Energien Wind, Wasserkraft, Sonnenenergie bzw. Biomasse [27] [28].

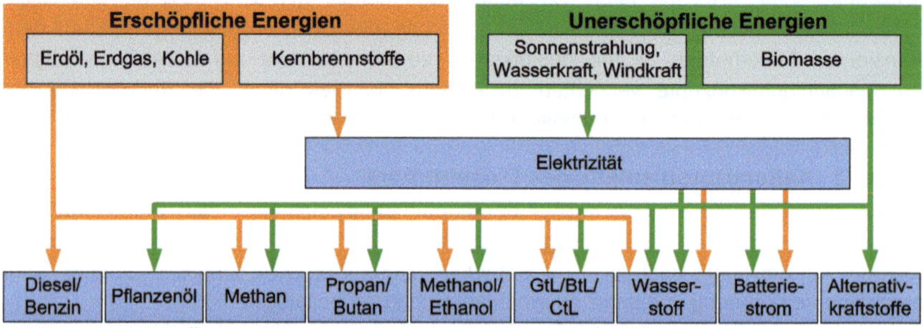

Abbildung 3-1 [27]: Übersicht der Kraftstoffe entsprechend ihrer Primärenergien

Konventionelle Dieselkraftstoffe bestehen aus einer großen Anzahl verschiedener Kohlenwasserstoffe mit jeweils etwa 10 bis 20 Kohlenstoffatomen [29]. Der Aufbau und die Größe der Moleküle, sowie das zahlenmäßige Verhältnis ihrer Wasserstoff- und Kohlenstoffatome zueinander bestimmen wesentlich das Verhalten der Kraftstoffe bei der motorischen Verbrennung. Die Kohlenwasserstoffe können sowohl in gesättigter als auch in ungesättigter Form vorkommen und lassen sich in drei Klassen einteilen [9]:

- Paraffine (Alkane),
- Olefine (Alkene),
- und Aromaten.

Zu den Paraffinen gehören alle gesättigten Kohlenwasserstoffe mit maximal möglichem Wasserstoffanteil in Bezug auf reine Kohlenwasserstoffverbindungen. Es wird unterschieden zwischen Normalparaffinen (Kohlenstoffatome ohne Verzweigungen in einer Kette), Iso-Paraffinen (verzweigte Ketten) und naphthenischen Kohlenwasserstoffen, bei denen die Kohlenstoffatome ringförmig (Cycloparaffine) angeordnet sind. Die allgemeine Summenformel für kettenförmige und Iso-Paraffine lautet:

$$C_nH_{2n+2} \qquad \text{(Gleichung 3-1)}$$

Bei Naphthenen entfallen zwei Wasserstoffatome durch den Ringschluss, so dass sich die allgemeine Summenformel zu

$$C_nH_{2n} \qquad \text{(Gleichung 3-2)}$$

reduziert.

Der Begriff Olefine benennt alle ungesättigten Kohlenwasserstoffe mit mindestens einer Doppelbindung in einer Kohlenstoffkette oder einem Kohlenstoffring. N-Olefine bilden eine homologe Reihe mit der gleichen allgemeinen Summenformel wie die Naphthene. Kurzkettige Olefine sind unter Normalbedingungen gasförmig und somit leicht flüchtig.

Olefine im Bereich von fünf Kohlenstoffatomen (Penten) bis zu fünfzehn Kohlenstoffatomen (Pentadeken) sind unter Normalbedingungen flüssig.
Die dritte Gruppe der Kraftstoffbestandteile bilden die Aromaten. Zu dieser Gruppe zählen ringförmige Moleküle mit konjugierten Doppelbindungen, deren Grundbaustein der Benzolring mit sechs Kohlenstoffatomen ist.
Neben den Elementen Kohlenstoff und Wasserstoff können noch weitere Elemente oder Verunreinigungen im Kraftstoff enthalten sein. Eine unerwünschte Komponente ist der Schwefel.

3.1 Flüssige Kraftstoffe auf nichtfossiler Basis

Schon seit Jahrzehnten ist das Themenfeld der alternativen Kraftstoffe aktuell und wird künftig noch stark an Bedeutung gewinnen. An Kraftstoffe für den mobilen Einsatz in Straßenfahrzeugen müssen diverse Anforderungen gestellt werden [30]. Kraftstoffe für moderne Motoren mit innerer Verbrennung

a. müssen eine hohe Speicherdichte aufweisen,
b. müssen leicht handhabbar sein,
c. müssen ohne feste oder flüssige Rückstände verbrennen,
d. müssen zeitlich und räumlich ausreichend zur Verfügung gestellt werden können,
e. dürfen keine Rückstände haben, die für Mensch oder Natur akut oder chronisch schädlich sind,
f. dürfen nicht zu meteorologischen oder klimatischen Veränderungen führen.

Die Forderungen a, b und c werden von den heutigen Kraftstoffen wie Benzin und Diesel nahezu optimal erfüllt, was die überwiegende Nutzung im Straßenverkehr begründet. Kraftstoffe wurden und werden gemeinsam mit den Motoren immer weiter optimiert und in Form von Kraftstoffnormen standardisiert.
Die Verwendung weiterer, bisher weniger im Gebrauch befindlicher, bzw. neu formulierter Energieträger, könnten große Potentiale zur Verbesserung der Emissionen und des Verbrauchs bieten.
Bei den Energieträgern, die im Rahmen dieser Arbeit betrachtet werden, handelt es sich um Flüssigkraftstoffe für die dieselmotorische Anwendung, welche aus Wasserstoff, Kohlenstoff und Sauerstoff bestehen. Alternative Energieträger mit Stickstoffanteil wie Ammoniak [31] oder bei Umgebungsbedingungen gasförmige Energieträger stehen nicht im Fokus der Untersuchungen.
In Bioraffinerien sind verschiedene Chemikalien auf Basis von nachwachsenden Rohstoffen großtechnisch herstellbar, u. a. auch Kraft- und Brennstoffe. Die Biomasse wird hierbei zunächst in ihre Hauptbestandteile zerlegt. Lignin, Kohlenhydrate, bzw. Fette und Öle werden im Anschluss zu Kraftstoffen veredelt [32].

3.1.1 Synthetische-Kohlenwasserstoffe

Als Alternative zu den fossilen Kraftstoffen können sogenannte Designerkraftstoffe angesehen werden. Diese sind sowohl aus fossilen Energieträgern als auch aus Biomasse herstellbar. Mit Biokraftstoffen der ersten Generation bezeichnet werden Kraftstoffe, die auf Grund ihrer Rohstoffe in Konkurrenz zur Nahrungsmittelindustrie stehen. Trifft dieser Sachverhalt nicht zu, handelt es sich um Biokraftstoffe der zweiten Generation.
Hochwertige synthetische Kraftstoffe können aus Synthesegas, z. B. basierend auf Lignin, gewonnen werden. Die Umwandlung dieses Gases in Kraftstoff erfolgt mittels Fischer-Tropsch (FT)-Synthese. Es ist möglich, durch eine Änderung der Prozessführung auf die

chemische Struktur des Produkts einzuwirken und neben reinen Kohlenwasserstoffen auch Moleküle mit anteiligem Sauerstoff zu erzeugen, wie z. B. Alkohole [32].
Ein Beispiel zur Realisierung einer synthetischen Kraftstoffherstellungsroute ist das Carbo-V-Verfahren der Fa. Choren. Als Ausgangsstoff wird hier Holzverschnitt verarbeitet. Es ist jedoch auch möglich, andere biologische Materialien zu verwenden. Diese Vorgehensweise bietet ein hohes CO_2-Einsparpotential. Hierbei kann ein synthetischer Diesel nur bestehend aus n-Paraffinen mit einer folglich hohen Cetanzahl gewonnen werden. Durch genau definierbare Eigenschaften der Kraftstoffe, in Abhängigkeit der Synthesebedingungen, sind eine Anpassung der motorischen Prozessführung und die Einführung neuer Brennverfahren möglich (homogene und teilhomogene Verbrennung).
Synthetische Kraftstoffe werden derzeit vornehmlich auf Basis fossiler Energieträger erzeugt (GtL aus Erdgas und CtL aus Kohle). Langfristig betrachtet ist die Herstellung aus regenerativer Biomasse anzustreben bzw. notwendig (BtL) [33].
Als Zwischenstufe von der ersten und zweiten Generation von Kraftstoffen kann der NExBTL angesehen werden [34]. Hierbei handelt es sich um Hydriertes Pflanzenöl (HVO, Hydrotreated Vegetable Oil). Es entsteht nicht wie Biodiesel durch Veresterung, stattdessen wird das Pflanzenölmolekül per Hydrierung, d. h. durch Addition von Wasserstoff, aufgebrochen, alle Doppelbindungen beseitigt und der Sauerstoffanteil entfernt. Die Herstellung von HVO kann entweder in den konventionellen Raffinerieprozess integriert oder diesem nachgeschaltet werden. Das hydrierte Pflanzenöl besteht ausschließlich aus Kohlenwasserstoffmolekülen, welche auch in konventionellem Dieselkraftstoff enthalten sind [35]. Als rein paraffinischer Kohlenwasserstoff ist dieser somit ähnlich zu einer ebenfalls rein paraffinischen BtL-Variante.

3.1.2 Ester

Biodiesel wird aus Pflanzenöl hergestellt. Die Pflanzenöle selbst sind auf Grund der hohen Viskosität und den damit verbundenen Problemen bei der Einspritzung unter Hochdruck sowie der hohen Verkokungsneigung an Einspritzdüsen mit geringem Düsenlochdurchmesser für den Pkw-Sektor derzeit ohne Perspektive. Für den Nischenbereich, wie den landwirtschaftlichen Bedarf oder im Baumaschinensektor gibt es aber durchaus berechtigte und sinnvolle Anwendungsmöglichkeiten.
Durch eine kostenintensive Umesterung mit Methanol, bei der eine Verkürzung der Moleküle vorgenommen wird, kann die Viskosität stark gesenkt und die Cetanzahl erhöht werden. Zur Biodieselherstellung werden Pflanzenöle mit etwa 10% Methanol zu einem Fettsäuremethylester verarbeitet (FAME = Fatty Acid Methyl Ester). Die Methyl-Ester werden nach dem jeweiligen Rohstoff für das hinzu gegebene Pflanzenöl benannt. Beispielsweise ist Rapsölmethylester (RME) ein Biodiesel auf Basis von Rapsöl. Der Nachteil von Methyl-Estern ist, dass bei ihrer Herstellung nur das Öl aus der Saat der Pflanze in den Prozess mit einfließt. Der energetische Rest der Pflanze wird nicht für diese Art der Kraftstoffherstellung verwendet [36]. Die Abbildung 3-2 zeigt ausgewählte Bestandteile von Biodiesel. RME besteht zu über 50% aus Ölsäuremethylester (methyl oleate) [37]. Bei gleicher Anzahl von Kohlenstoffatomen steigen die Zündwilligkeit und der Siedepunkt mit dem Grad der Sättigung.

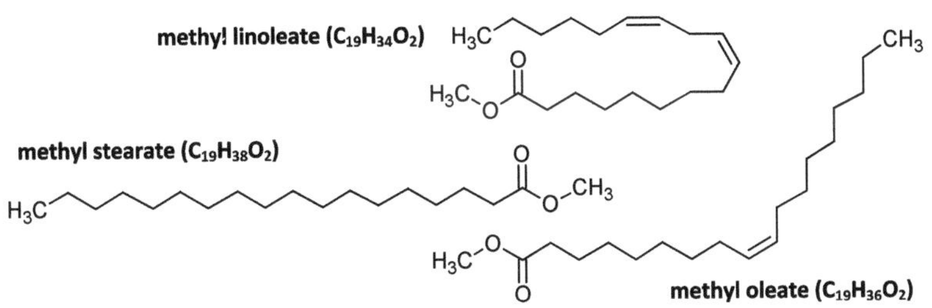

Abbildung 3-2: Ausgewählte Komponenten von Biodiesel

Aufgrund des natürlichen Sauerstoffgehalts ist der untere Heizwert reduziert. Die Speicherung von Biodiesel in einem Fahrzeug gestaltet sich einfach, nur die Speicherung über einen längeren Zeitraum muss auf Grund hoher Alterungsneigung unter Berücksichtigung der Umwelteinflüsse erfolgen. Ein gealterter Biodiesel kann sich negativ auf die Schadstoffemissionen auswirken.

Bei dem Übergang der DIN EN 590 Stand 2010 [38] zum Entwurf 2011 [39] ist eine Erhöhung der erlaubten volumetrischen Beimischungsquote von bisher sieben auf zehn Prozent Biodiesel vorgesehen. Limitierend für eine weitere Erhöhung der Beimischungsquote ist vor allem die erhöhte Motorölverdünnung durch die hohe Siedelage des Biodiesels. Besonders bei Fahrzeugen mit Partikelfiltern kommt es zur Motorölverdünnung bei der Partikelfilterregeneration, wenn hierzu eine späte Nacheinspritzung verwendet wird.

In Hinblick auf das Schadstoffemissionsverhalten stehen leicht erhöhten Stickoxidemissionen stark abgesenkte PM-Emissionen gegenüber [36] [40] [41]. Quantifiziert wird dies in [40]: bei vollständiger Substitution des erdölbasierten Kraftstoffes durch Biodiesel (SME) erhöhen sich die Stickoxidemissionen um 10%, PM- und CO- werden um ca. 48%, THC-Emissionen um 67% reduziert. Die Änderungen der Emissionen in dieser Studie verhalten sich nahezu linear zur Biodieselbeimischungsquote.

3.1.3 Alkohole

Alkohole enthalten neben den Kohlenstoff- und Wasserstoffatomen zusätzlich noch eine Hydroxygruppe (OH-Gruppe). Die einfachsten Vertreter sind Methanol (CH_4O) und Ethanol (C_2H_6O). Alkohole unterscheiden sich in Bezug auf Energiedichte, Mindestluftbedarf, Reaktionsfreudigkeit und Verdampfungswärme erheblich von reinen Kohlenwasserstoffen, weshalb sie bei konventionellen Dieselkraftstoffen in der Regel nur zu geringen Anteilen eingesetzt werden.

Die Vorteile bei der Verwendung von Alkoholen als alternative Kraftstoffe ergeben sich durch die komfortablen Speichermöglichkeiten und die relativ preisgünstige und erprobte biogene Herstellbarkeit durch Fermentation am Beispiel von Ethanol. Der Großteil der seriennahen Konzepte mit Ethanoleinsatz basiert auf der ottomotorischen Verbrennung. Für die Verwendung von Alkoholzumischungen im Dieselkraftstoff existiert jedoch ebenfalls eine breite Datenbasis. Als Beispiel sei der in den USA als O_2-Diesel bezeichnete Blend aus konventionellem Dieselkraftstoff und Ethanol erwähnt. Der volumetrische Ethanolanteil beträgt 7,7% [42]. Diese Beimischung vermindert die Zündwilligkeit, die Viskosität und die Mischungsstabilität, so dass entsprechende Additive (0,7 Volumenprozent) zugemischt werden müssen, um den normativen Vorgaben des Dieselkraftstoffes zu entsprechen. Die Unterschreitung des Flammpunktes ist nicht konform zur DIN EN 590.

In [43] wird für einen unbeeinträchtigten motorischen Betrieb eine maximale volumetrische Zumischbarkeit zum Dieselkraftstoff von 10% angegeben, bzw. 12% energetisch in [36]. Es sind Lösungsvermittler wie z. B. Tetrahydrofuran (THF) und Cetanzahlverbesserer wie 2EHN zu verwenden.
Als ein weiterer Lösungsvermittler ist auch der Biodiesel (FAME) geeignet [4] [44]. Es bildet sich anhand des Beispiels der Mischungskomponenten konventioneller Dieselkraftstoff, RME und Ethanol eine stabile Mikroemulsion aus. So wird die biogene Beimischungsquote erhöht und das mit bereits heute in ausreichendem Umfang verfügbaren biomassebasierten Energieträgern [45].
Für die dieselmotorische Anwendung sind langkettige n-Alkohole von Vorteil, da diese eine im Vergleich zu Methanol und Ethanol höhere Zündwilligkeit aufweisen und besser mischbar sind [46] [33]. Relativ gut zum fossilen Dieselkraftstoff zumischbar ist n-Butanol, der zusätzlich eine gesteigerte Cetanzahl im Vergleich zum Ethanol aufweist [7]. Zudem ist Butanol ebenfalls biogen herstellbar [47].

3.1.4 Ether

Ether sind Kohlenwasserstoffverbindungen, in denen eine CH_2-Gruppe durch ein Sauerstoffatom substituiert ist. Bei dem einfachsten Ether handelt es sich um den Dimethylether (DME) mit der chemischen Formel CH_3-O-CH_3 (Abbildung 3-3). DME ist auf Basis von Biomasse herstellbar, z. B. durch die Weiterverarbeitung von Biomethanol [30]. In [212] wird die Gewinnung auf Basis von CO_2 und Methan, bzw. Erdgas beschrieben.
DME weist eine hohe Zündwilligkeit auf und verbrennt nahezu frei von Ruß, was in zahlreichen Untersuchungen nachgewiesen werden konnte. Auf Grund von u. a. dem relativ niedrigeren Energieinhalt, Materialunverträglichkeit und dem Siedepunkt von -24,8°C ist die technische Umsetzung im Vergleich zu herkömmlichen Diesel jedoch aufwändiger [49] - [54]. Den technischen Herausforderungen zum Trotz, ist die DME-Anwendung im Nutzfahrzeugsektor bereits Stand der Technik [55].
Nach [56] - [58] eignen sich jedoch Polyether wie Butylal aufgrund ihrer ähnlichen Eigenschaften besonders gut als Dieselersatzkraftstoff bzw. Dieselkraftstoffzusatz.

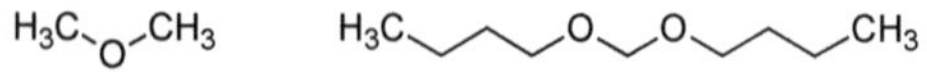

dimethyl ether (C_2H_6O) **butylal ($C_9H_{20}O_2$)**

Abbildung 3-3: Darstellung ausgewählter Ether

Der biogene Herstellungspfad von (Poly)ethern basiert derzeit hauptsächlich auf der Grundlage von kurzkettigen Alkoholen, also Methanol und Ethanol, welche wiederum aus erneuerbaren Energieträgern hergestellt werden können, vgl. Kapitel 3.1.3. [30] [56] [59] [60].

3.1.5 Furane

Als Alternative zu den herkömmlichen biogenen Kraftstoffen rücken vermehrt „Furane" in den Fokus der Forschung. Hierbei handelt es sich um Kraftstoffe auf Kohlenhydratbasis, die Herstellungsroute unterscheidet sich jedoch von dem Fermentationsprozess der Alkoholproduktion. Ethanol als Energieträger ist seit Jahrzehnten etabliert. Daneben werden zunehmend auch langkettige Alkohole und „Furane" in Forschungsaktivitäten verwendet [61] [62]. Ausgehend von Zucker, z. B. Fructose mit der Summenformel $C_6H_{12}O_6$, werden verschiedene Prozess-Technologien genutzt, um gewünschte Stoffeigenschaften zu erzeugen. Der Siedepunkt von Fructose mit etwa 550°C liegt weit über dem reglementierten Siedebereich von Dieselkraftstoff, der Aggregatzustand ist fest. Das selektive Entfernen von

Sauerstoff kann dazu genutzt werden, um diese und weitere Eigenschaften für die Zielanwendung als flüssiger Energieträger anzupassen [63]. Eine beispielhafte Veredelungsroute ausgehend von Fructose wird in Abbildung 3-4 aufgezeigt.

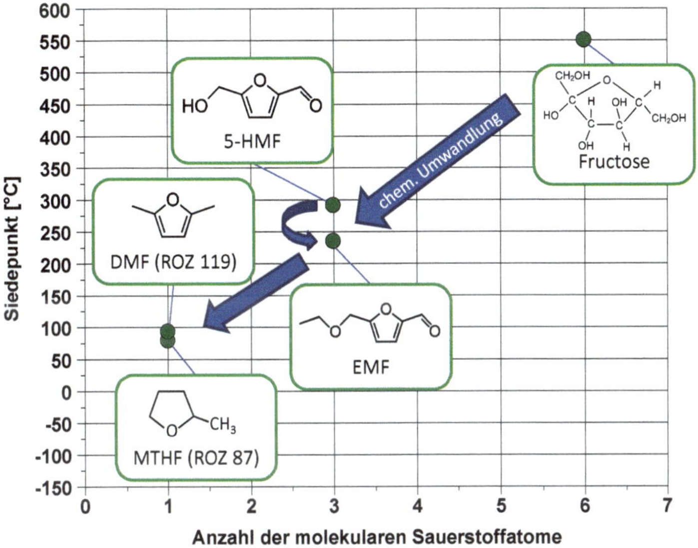

Abbildung 3-4 basierend auf [63]: Einfluss des Sauerstoffanteils auf das Siedeverhalten ausgewählter Oxygenate

In einem ersten Schritt werden durch Dehydratisierung drei Sauerstoffatome eliminiert und es entsteht 5-Hydroxymethylfurfural (5-HMF). Die in Abbildung 3-4 ersichtliche Strukturformel des 5-HMF zeigt auf, dass es u. a. als Alkohol, Aldehyd, Furan, Alken oder aromatische Verbindung angesehen werden kann. Die funktionellen Gruppen können durch weitere chemische Reaktionsschritte gezielt beeinflusst werden, so dass eine hohe Produktvielfalt synthetisierbar ist. Aus diesem Grund gilt das 5-HMF als Schlüsselsubstanz zwischen Kohlenhydratchemie und mineralölbasierter organischer Chemie [32].
Der Siedepunkt von 5-HMF ist relativ hoch. Durch eine Hydrogenolyse-Reaktion und die damit verbundene Umwandlung in Ethoxymethylfurfural (EMF) kann die Siedetemperatur abgesenkt werden (Abbildung 3-4). Die verlängerte Seitenkette verbessert die Zündwilligkeit und zielt auf die dieselmotorische Anwendung ab. Bei der konventionellen Brennverfahrensbetrachtung bieten sich kompakte bzw. ringförmige Moleküle wie Methyltetrahydrofuran (MTHF) für den ottomotorischen Einsatz, bzw. homogenisierte Dieselbrennverfahren an. Einen Überblick bzgl. der relevanten Kraftstoffparameter im Vergleich zu Dieselkraftstoff gibt Tabelle 3-1.

	Diesel (EN 590)	DMF	Furane
Aromatenanteil (m%)	max. 8 (PAK)	100 ?	0 bis 100
Flammpunkt (°C)	über 55	-1.7	-11 bis +60
Schmelzpunkt (°C)	variiert	-62	-120 bis -30
Siedepunkt/-bereich (°C)	ca. 150-360	92 -94	80 bis >200
Dichte (15°C, kg/m^3)	820-845	900	850 bis 1100
Heizwert (MJ/L)	ca. 36	33	28 bis 34

Tabelle 3-1 basierend auf [64]: Vergleich charakteristischer Kraftstoffparameter von Diesel und „Furanen"

Während der Anteil polyzyklischer Aromaten im Dieselkraftstoff auf maximal acht Massenprozent begrenzt ist, muss die Einteilung bzw. die Bezifferung der Furane diskutiert werden. Wird der Furanring des DMF als Aromat interpretiert, würde zumindest der Anteil einfacher Aromaten bei 100% liegen. Die Auswirkung auf die Rußemissionen muss in zukünftigen Untersuchungen geklärt werden. Eine Betrachtung des Flammpunktes bzw. des Siedebereiches zeigt auf, dass durch die Furanmoleküle teilweise die normativen Grenzen der gültigen EN 590 überschritten werden. Dies ist bei einer potentiellen Anwendung zu berücksichtigen, so dass evtl. eine Abänderung oder Neuerung der Kraftstoffnormen erforderlich werden würde.
Der auf Grund des anteiligen Sauerstoffs verringerte gravimetrische Energieinhalt wird in Bezug auf den volumetrischen Heizwert durch die erhöhte Dichte gegenüber Diesel tendenziell kompensiert. Für die Kraftstoffanwendung müssen weitere Parameter wie die Mischbarkeit und die Materialverträglichkeit beachtet werden.
Die grundsätzliche Eignung von „Furanen" als Blendkomponente für den Einsatz in der Verbrennungskraftmaschine wird in [48] experimentell aufgezeigt. Ein Pkw-Dieselmotor konnte mit Furanblends unter Minderung der Partikelemissionen betrieben werden. Für die dieselmotorische Anwendung wird eine chemische Veredelung von furanbasierten Energieträgern zu Diethern, bzw. Polyethern in [64] vorgeschlagen.

3.2 Kraftstoffkennzahlen und deren Abschätzung

Die vielseitigen Anforderungen an einen Kraftstoff (vgl. Kapitel 3.1) werden im Rahmen von Normen an diesen gestellt und geprüft. Es sei die DIN EN 590 erwähnt, welche Anforderungen und Prüfverfahren für Dieselkraftstoff B7 [38], bzw. der Entwurf für Dieselkraftstoff B10 [39] festlegt. Ein Auszug der in dem B10-Entwurf zur DIN EN 590 enthaltenen Kennzahlen ist im Anhang 9.1 ersichtlich. Die wesentlichen Parameter in Bezug auf die Brenneigenschaften und somit die motorischen Emissionen sind die Zündwilligkeit, die Dichte, der Flammpunkt, die Viskosität, das Kälteverhalten und das Siedeverhalten, bzw. Angaben zu Verunreinigungen (Schwefelgehalt, etc.).
Um erste Aussagen bezüglich des Potentials bzw. der Anwendbarkeit eines neuen Kraftstoffes bzw. einer Beimischungskomponente in der VKM treffen zu können, ist es praktikabel, sich anhand der genannten Kennzahlen zu orientieren. Diese sind ggf. zu erweitern. Im Folgenden wird näher auf ausgewählte Kraftstoffkennwerte eingegangen.

3.2.1 Heizwert

Besondere Bedeutung besitzt der Heizwert in Bezug auf die Motorleistung, den Kraftstoffverbrauch und damit die Fahrzeugreichweite. Für die thermodynamische Analyse von Verbrennungsprozessen oder im Rahmen von numerischen Simulationen ist eine genaue Kenntnis des Energieinhaltes eines Kraftstoffes essentiell.

Der Energieinhalt eines Kraftstoffes ist nicht direkt im Rahmen der Kraftstoffnorm EN 590 enthalten. Für herkömmliche Kraftstoffe lässt sich der Heizwert aus der Dichte, der Kraftstoffzusammensetzung und dem Siedeverhalten bestimmen.
Ein Kraftstoff aus den Bestandteilen C_xH_y weist einen maximalen unteren Heizwert (H_U) auf, wenn er nur aus Wasserstoff (H_U=121 kJ/g), den geringsten, wenn er nur aus Kohlenstoff (H_U=32,8 kJ/g) besteht. Ist im Kraftstoff molekularer Sauerstoff gebunden ($C_xH_yO_z$), sinkt der Heizwert entsprechend der erhöhten Oxidationsstufe, bzw. der Bindungsart. Gerade bei alternativen Kraftstoffen, welche einen Sauerstoffanteil aufweisen, ändert sich der Heizwert stark, was beachtet werden muss, um eine unbedenkliche Anwendung zu gewährleisten.
Die Methode zur Ermittlung des Energieinhaltes eines Kraftstoffes erfolgt gemäß DIN 51900 [65]. Der Brennwert (oberer Heizwert H_O) wird mit einem Kalorimeter, also durch vollständige Verbrennung der zu prüfenden Substanz in einer kalorimetrischen Bombe unter Sauerstoff-atmosphäre bestimmt [66] [67]. Die Reaktionsprodukte liegen nach der Verbrennung bei einer Temperatur von 25°C entweder gasförmig, oder im Fall von Wasser in kondensierter Form vor. Im Gegensatz zur Brennwertbestimmung muss die Kondensationswärme des Wasserdampfes in der Bestimmung des (unteren) Heizwertes H_U berücksichtigt werden, da das Wasser die Verbrennungskraftmaschine dampfförmig verlässt. Die Kondensationswärme wird aus der Elementaranalyse errechnet und vom Brennwert subtrahiert.
Ist die elementare Zusammensetzung eines Stoffes aus entsprechenden Analysen bekannt, kann der thermische Energiegehalt dieser Stoffe bzw. Stoffgemische anhand von Näherungsformeln berechnet werden [68]. Die bekanntesten Methoden zur rechnerischen Heizwertabschätzung wurden empirisch modifiziert und basieren jeweils auf den Heizwerten der massenbezogenen Einzelkomponenten eines Stoffes (Kohlenstoff c, Wasserstoff h, Sauerstoff o, Schwefel s, Stickstoff n und Wasser w) [67].
Heizwertbestimmung basierend auf Dulong [67]:

$$H_U = 33{,}9 \cdot c + 121{,}4 \cdot \left(h - \frac{o}{8}\right) + 10{,}5 \cdot s - 2{,}44 \cdot w \qquad \text{(Gleichung 3-3)}$$

Heizwertbestimmung nach Boie [69] für feste und flüssige Brennstoffe:

$$H_U = 34{,}8 \cdot c + 93{,}9 \cdot h - 10{,}8 \cdot o + 10{,}5 \cdot s + 6{,}3 \cdot n - 2{,}44 \cdot w \qquad \text{(Gleichung 3-4)}$$

Die Anwendung derartiger empirischer Abschätzmethoden ist bei motorischen Untersuchungen im Zusammenhang mit alternativen Energieträgern weit verbreitet. Eine Vergleichsstudie mit dokumentierten Werten ergab eine Abweichung von +/-5% für die genaueste Variante für über 90% der Schätzungen [70]. Mit Blick auf die thermodynamische Analyse der motorischen Energiewandlung alternativer Kraftstoffe ist dies kein zufriedenstellender Wert.
Eine weitere Möglichkeit der Heizwertabschätzung basiert auf der Bilanzierung der Standardbildungsenthalpie durch Anwendung des Heßschen Satzes [71]. Die im kalorimetrischen Bombenversuch zur Brennwertbestimmung isochor freigewordene Wärme entspricht der Reaktionsenergie. Nach DIN 51900-1 [65] kann die Volumenänderungsarbeit flüssiger Anteile meist vernachlässigt werden, so dass der Heizwert über die Standard-bildungsenthalpien bestimmbar ist. Diese sind in zahlreichen Tabellenwerken wie in [72] hinterlegt, bzw. können anhand der Gruppenbeitragsmethode vorausgesagt werden.
Die Gruppenbeitragsmethode mit der derzeit höchsten Genauigkeit zur Bestimmung der Bildungsenthalpien in der Gasphase bietet nach [73] die von dem National Institute of

Standards and Technology (NIST) bereitgestellte Methode (The NIST Structures and Properties Group Additivity Model) [74]. Diese basiert auf den Erkenntnissen von Benson [75]. Die Berücksichtigung einer breiten Datenbasis und von Wechselwirkungen der Gruppenbeiträge untereinander führt zu einer Erhöhung der Genauigkeit (vgl. Kapitel 3.3). Der Anwender erhält anhand der Molekülstruktur die abgeschätzte Standardbildungsenthalpie für ideales Gas bei 298,15K. Die spezifische Verbrennungswärme und somit die Heizwerte können anhand der molaren Bildungsenthalpien ($\Delta_f H_m^0$) bestimmt werden [73] [76].

Zur Heizwertberechnung anhand der Standardbildungsenthalpien ist zunächst die chemische Reaktionsgleichung aufzustellen. Hier am Beispiel von Methan analog zu [76]:

$$CH_4\,(g) + 2O_2\,(g) \rightarrow 2H_2O\,(g) + CO_2\,(g) + \Delta H^C \qquad \text{(Gleichung 3-5)}$$

Durch Einsetzen der Standardbildungsenthalpien ergibt sich:

$$\Delta H^C = 2\Delta_f H_m^o(g)(H_2O) + \Delta_f H_m^o(g)(CO_2) - \Delta_f H_m^o(g)(CH_4) - \Delta_f H_m^o(g)(O_2) = -802{,}3 kJ/mol$$

Das gebildete Wasser verbleibt in der Gasphase und somit ergibt sich der untere Heizwert unter Berücksichtigung der molaren Masse zu:

$$H_U = \frac{\Delta H^C}{M_{CH_4}} = 50{,}01 kJ/g$$

Liegt die zu untersuchende Probe bei Standardbedingungen in flüssigem Aggregatzustand vor, so ist die molare Standardbildungsenthalpie für den flüssigen Zustand zu berücksichtigen. Diese errechnet sich nach [77]:

$$\Delta_f H_m^0\,(l) = \Delta_f H_m^0\,(g) - \Delta_l^g H_m \qquad \text{(Gleichung 3-6)}$$

Wobei $\Delta_l^g H_m$ die Verdampfungsenthalpie darstellt und wiederum anhand von Abschätzmethoden analog zu den Ausführungen in Absatz 3.3 ermittelbar ist. So kann die molare Reaktionsenergie bestimmt und nach DIN 51900-1 in den unteren Heizwert umgerechnet werden. Die mit den verschiedenen Methoden bestimmten Heizwerte ausgewählter Energieträger werden in der Abbildung 3-5 gegenübergestellt und mit dokumentierten Werten verglichen.

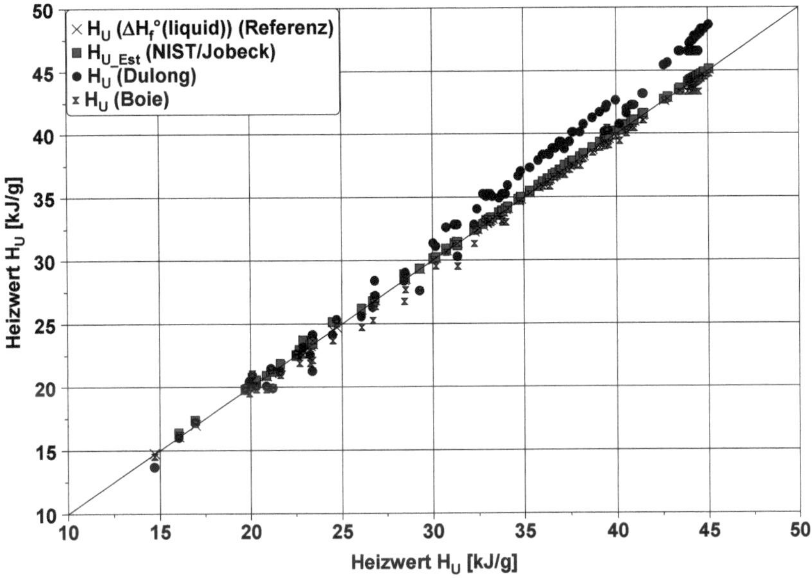

Abbildung 3-5: Gegenüberstellung verschiedener Abschätzverfahren zur Bestimmung des unteren Heizwertes

Gegenüber den dokumentierten Werten zeigen die auf den massenbezogenen Analysen beruhenden Methoden nach Dulong (max. Abweichung über 10%) und Boie (max. Abweichung bis zu 10%) erwartungsgemäß die größten Abweichungen. Die Heizwertabschätzung auf Basis der Gruppenbeitragsmethode (H_{U_Est} (NIST/Jobeck)) zeigt die geringsten maximalen Abweichungen von unter 4% gegenüber den dokumentierten Werten in dem verwendeten Datensatz.

Die Abgabemenge für einen flüssigen Kraftstoff an der Tankstelle erfolgt volumetrisch, d. h. neben dem unteren Heizwert selbst, ist die Dichte von entscheidender Bedeutung.

3.2.2 Stöchiometrischer Luftbedarf

Der stöchiometrische Mindestluftbedarf (L_{ST}) bestimmt zusammen mit dem unteren Heizwert den Gemischheizwert (Absatz 3.2.3). Der L_{ST} eines Kraftstoffes kann aus dessen Sauerstoffbedarf bei der idealisierten Oxidationsreaktion und dem Sauerstoffanteil der Luft bestimmt werden. Da die Information über die chemische Kraftstoffzusammensetzung flüssiger Kraftstoffe oft auf der Elementaranalyse beruht, eignet sich die Berechnung des L_{ST} in kg Luft je kg Kraftstoff anhand der Massenanteile Kohlenstoff c, Wasserstoff h, Schwefel s, und Sauerstoff o.

$$L_{St} = 137{,}8\left(\frac{c}{12{,}01} + \frac{h}{4{,}032} + \frac{s}{32{,}06} - \frac{o}{32{,}00}\right) \qquad \text{(Gleichung 3-7)}$$

3.2.3 Gemischheizwert

Eine für die motorische Anwendung wichtige Erweiterung des Heizwertes ist der Gemischheizwert (H_G). Dieser beschreibt diejenige Energie, welche über den Kraftstoff mit einem Kubikmeter Frischladung in den Zylinder eingebracht werden kann und beeinflusst somit das Motordrehmoment [28]. Die Berechnungen richten sich nach [28].

$$H_G = \frac{H_U \cdot \rho_L}{\lambda \cdot L_{St}} \qquad \text{(Gleichung 3-8)}$$

Für den luftansaugenden Dieselmotor berechnet sich der Gemischheizwert aus dem unteren Heizwert H_U in kJ/kg, der Luftdichte (Außenzustand) in kg/m^3, dem Luftverhältnis λ und dem stöchiometrischem Luftbedarf L_{ST}.

Bei Standardbedingungen und unter der vereinfachten Annahme stöchiometrischer Verbrennung sind Gemischheizwerte ausgewählter alternativer Kraftstoffe über dem stöchiometrischem Luftbedarf in Abbildung 3-6 dargestellt.

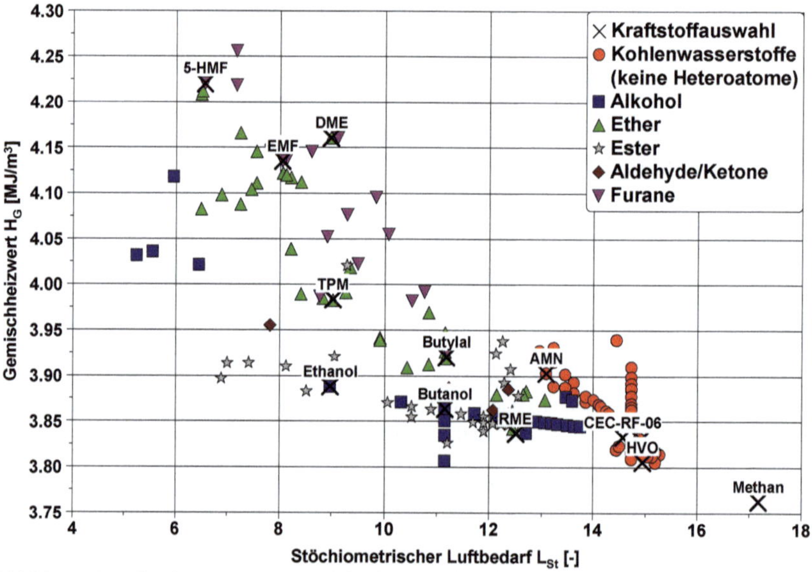

Abbildung 3-6: Gemischheizwerte ausgewählter Kraftstoffe in Abhängigkeit des Parameters Stöchiometrischer Luftbedarf

Ohne Berücksichtigung von Inertgasanteilen unterscheiden sich die Gemischheizwerte von reinen Kohlenwasserstoffen, bzw. herkömmlichen Kraftstoffen nur unwesentlich voneinander. Die Gemischeizwerte der Alkane liegen bei gleicher Kettenlänge unter denen der Alkene und Aromaten, so dass der H_G rein paraffinischer Kraftstoffe wie GtL und HVO niedrig ist. Bei entsprechend verringertem Sauerstoffbedarf der Oxykraftstoffe übersteigen diese die Gemischheizwerte einiger Alkane mit den zugrundeliegenden Randbedingungen bis über 10%.

3.2.4 Dichte

Die Dichte eines Kraftstoffes, also seine auf das Volumen bezogene Masse bei einer gegebenen Temperatur, ist mit den Prüfverfahren nach EN ISO 3675, bzw. EN ISO 12185 mit einfachen Labormethoden bestimmbar. Die Dichte eines Stoffes kann auch über die Gruppenbeitragsmethode anhand der Molekülstruktur abgeschätzt werden (Absatz 3.3).
Grenzwerte für die Dieselkraftstoffdichte werden in EN 590 mit 820-845 kg/m^3 bei einer Temperatur von 15°C angegeben. Die entsprechenden Dichtegrenzen für Ottokraftstoff werden mit 720-775 kg/m^3 bei 15°C beziffert [78]. Unter der Annahme gleicher gravimetrischer Heizwerte für beide Kraftstoffarten, unterscheiden sich ihre volumetrischen Heizwerte allein auf Grund ihrer Dichteunterschiede um 6-17%. Gerade bei der Anwendung von alternativen Kraftstoffen kann diese Abweichung wesentlich größer sein. Derartige Aspekte sind auch in Bezug auf die Energiespeicherdichte, bzw. bei der Betankung relevant.
Die Kraftstoffzumessung in aktuellen Einspritzsystemen erfolgt volumetrisch, so dass die Dichte, bezogen auf die Kraftstoffeigenschaften, großen Einfluss auf die Einspritzrate und somit auf den Energieeintrag in den Brennraum besitzt. Daher ist die Kraftstoffdichte ein limitierender Faktor für die maximal erzielbare Motorleistung.
Des Weiteren wirkt sich die Kraftstoffdichte auf die Gemischaufbereitung und damit auf die Emissionen aus.
Großen Einfluss auf den Strahl- und Tropfenzerfall hat die Düsenaustrittsgeschwindigkeit U_{aus}. Wird diese vereinfacht nach Bernouilli bestimmt, geht als einzige kraftstoffspezifische Größe dessen Dichte am Spritzlochaustritt formelmäßig ein.

$$U_{aus} = C_V \cdot \sqrt{\frac{2 \cdot \Delta p}{\rho_{Krst}}} \qquad \text{(Gleichung 3-9)}$$

Die Düsenaustrittsgeschwindigkeit ist neben der Kraftstoffdichte abhängig von der Druckdifferenz zwischen dem Einspritzdruck und dem Düsengegendruck Δp. Der Faktor C_V beschreibt den Geschwindigkeitskoeffizienten. U_{aus} ist proportional zur Quadratwurzel des Kraftstoffdichtekehrwertes und nimmt somit bei ansteigender Kraftstoffdichte ρ_{KRST} ab. Die massenbezogene Einspritzrate ist proportional zur Quadratwurzel der Kraftstoffdichte [79]. Der Strahlkegelwinkel bei Kraftstoffen mit höherer Dichte wird reduziert und somit die Gemischaufbereitung erschwert. Die Eindringtiefe des flüssigen Strahls wird von der Kraftstoffdichte nur geringfügig beeinflusst. In Bezug auf die Strahlentwicklung ist die Eindringgeschwindigkeit dichteabhängig [20] [79]. Auf Grund der Wechselwirkung zwischen Kraftstoffstrahl (bzw. der Dampfphase des Kraftstoffstrahls) und der Brennraum-(mulden)wand muss das Eindringverhalten bei deren Auslegung, bzw. der Motorapplikation berücksichtigt werden [19].
Ein Maß für den Aufbereitungszustand bei der Gemischbildung ist der Sauterdurchmesser d_{32}, dessen Größe das mittlere Oberflächen/Volumenverhältnis aller Tropfen des gesamten Einspritzstrahls repräsentiert.
Für eine Diesel-Einspritzdüse wird basierend auf [80] folgender erweiterter Zusammenhang für den Sauter-Durchmesser d_{32} für eine Einspritzdruckvariation in [19] angegeben.

$$d_{32} = 7 \cdot d_{SL} \cdot \left(\frac{U_{aus} \cdot d_{SL} \cdot \rho_{Krst}}{\eta_{Krst}}\right)^{-0,25} \cdot \left(\frac{U_{aus}^2 \cdot d_{SL} \cdot \rho_{Krst}}{\sigma_{Krst}}\right)^{-0,32} \cdot \left(\frac{\eta_{Krst}}{\eta_a}\right)^{0,37} \cdot \left(\frac{\rho_{Krst}}{\rho_a}\right)^{0,11} \qquad \text{(Gleichung 3-10)}$$

Hier bedeutet ein Anstieg in der Kraftstoffdichte ohne Veränderung der übrigen Einflussgrößen, einen verringerten mittleren Tropfendurchmesser. Dessen Änderung liegt jedoch bei realistischem Kraftstoffeinfluss bei unter einem Prozent. Diese Abweichung bleibt über der Einspritzdruckvariation konstant. Vor allem Effekte der Druckverhältnisse zwischen Einspritzdruck und Zylinderladung moderner Dieselmotoren dominieren hier gegenüber dem Kraftstoffdichteeinfluss.

3.2.5 Viskosität

Die Viskosität ist ein Maß für die innere Flüssigkeitsreibung. Steigt diese an, so widersetzt sich das Medium verstärkt dynamischen Änderungen in der Fließbewegung [81]. Bei steigender Temperatur und vermindertem Druck sinkt die Viskosität ab. Sie ist insbesondere entscheidend für die Gemischbildungsvorgänge und das Verschleißverhalten im Einspritzsystem. Eine zu geringe Viskosität führt dabei zu erhöhtem Verschleiß. Für Pkw-Dieselkraftstoffe (bei gemäßigtem Klima) ist nach DIN EN 590 [39] ein zulässiger Bereich von 2 bis 4,5 mm^2/s bei einer Bezugstemperatur von 40°C, definiert. Die Bestimmung der kinematischen Viskosität erfolgt nach dem Prüfverfahren EN ISO 3104 mit dem Kapillar-Viskosimeter. Entsprechend der Ausführungen in Absatz 3.3 kann die Viskosität z. B. auch über Gruppenbeitragsmethoden wie UNIFAC (Universal Quasichemical Functional Group Activity Coefficients) analog zu [82] vorausgesagt werden.

Bei der Verwendung alternativer Kraftstoffe treten große Änderungen der Viskosität auf. Heutige potentielle alternative Energieträger bewegen sich in einem Viskositätsbereich von etwa 0,12-0,15 mm^2/s (20°C; 5 bar) für DME und einer Viskosität von 35-39 mm^2/s (20°C) für Rapsöl [83] und sind somit nicht normkonform zur EN 590. Dies muss bei der Auslegung der Komponenten im Kraftstoffpfad berücksichtigt werden. Die Viskosität wirkt sich entsprechend der Flüssigkeitsreibung auf den Antriebsleistungsbedarf der Kraftstoffpumpen aus und geht somit in den Verbrauch ein.

Eine erhöhte Viskosität führt zu größeren mittleren Tropfendurchmessern und damit im Allgemeinen zu einer schlechteren Gemischaufbereitung [84]. Zudem verringert diese, aufgrund der erhöhten Reibung, den Durchflusskoeffizienten bei der Kraftstoffeinspritzung [79]. Des Weiteren führt eine Viskositätserhöhung zu einem verringerten Strahlkegelwinkel und einer erhöhten Strahleindringtiefe [81] [85]. Reduzierte Strahlkegelwinkel verschlechtern die Gemischaufbereitung und in Kombination mit einer zu hohen Eindringtiefe, d. h. Kraftstoffwandbenetzung, werden insbesondere die Kohlenwasserstoff- und Rußemissionen erhöht. Nach [79] wird der Durchflusskoeffizient besonders bei einem höherviskosen Kraftstoff in Kombination mit relativ niedrigen Einspritzdrücken (unter 850 bar) reduziert. Im Umkehrschluss heißt dies, dass der Viskositätseinfluss auf den Durchflusskoeffizienten bei den gesteigerten Einspritzdrücken eines modernen Dieselmotors stark verringert ist. Mit gesteigertem Einspritzdruck wird auch der Viskositätseinfluss auf den Strahlkegelwinkel geringer.

3.2.6 Oberflächenspannung

Die Oberflächenspannung eines Kraftstoffes ist nicht in der Norm EN 590 enthalten. Sie beeinflusst jedoch die mittlere Tropfengröße und somit den Aufbereitungszustand des Gemisches [84]. Je kleiner die Oberflächenspannung eines Kraftstoffes ist, desto geringer ist der mittlere Tropfendurchmesser.

Die Oberflächenspannung weist laut [79] einen relativ geringen Einfluss auf den Strahlaufbruch und die weitere Gemischaufbereitung auf, so dass dieser Parameter nicht näher diskutiert wird.

3.2.7 Zündwilligkeit und Zündverzug

Die Zündwilligkeit eines Kraftstoffes, d. h. seine Neigung zur Selbstentzündung, wird durch die Cetanzahl (CZ) bemessen. Hierbei bedeutet eine hohe Cetanzahl eine gesteigerte Zündwilligkeit. Sommerqualitäten handelsüblicher Kraftstoffe aus deutschen Raffinerien weisen Cetanzahlen im Bereich von 51 bis 55 auf [86], wobei nach der DIN EN 590 eine Mindestcetanzahl von 51 festgelegt ist. Weltweit schwanken die Kraftstoffqualitäten stark, so liegt die Cetanzahl beispielsweise in Teilen der USA bei minimal ca. CZ=40. Dieser Sachverhalt stellt eine große Herausforderung für die Motorenentwickler dar.
Ist die Zündwilligkeit eines Kraftstoffes zu gering, resultiert daraus ein hoher zeitlicher Verzug zwischen dem Einspritzbeginn und dem Selbstzündungsbeginn (Zündverzug) was hohe Druckanstiegsgeschwindigkeiten zur Folge hat und erhöhte Geräuschemissionen bedeutet. Die Kaltstartfähigkeit ist herabgesetzt, gesteigerte unverbrannte Schadstoffemissionen sind das Resultat [87] [88]. Eine reine Veränderung der Cetanzahl ohne Rückwirkung auf andere emissionsrelevante Parameter wirkt sich ähnlich einer Spritzbeginnverstellung aus und die Anteile vorgemischter zu diffusionsgesteuerter Verbrennung werden beeinflusst. Dies konnte anhand von Einzylinderuntersuchungen mit speziell formulierten Kraftstoffen bestätigt werden [89]. Beim konventionellen dieselmotorischen Brennverfahren bedeutet eine Cetanzahlanhebung in Hinblick auf die Schadstoffemissionen zum einen verringerte Kohlenwasserstoff-, Kohlenmonoxid- und Stickoxidemissionen zum anderen jedoch einen Anstieg der Partikelemissionen.

Konventionell wird die CZ in speziellen Einzylinder-Motoren unter genormten Bedingungen durch den Vergleich der Brenneigenschaften einer Kraftstoffprobe mit Bezugskraftstoffen bekannter Cetanzahl ermittelt. Hierzu wird ein konstanter Zündverzug, also eine feste Zeitspanne zwischen dem Einspritz- und dem Brennbeginn spezifiziert. Im weltweit eingesetzten CFR-Motor im Rahmen des Prüfverfahrens EN ISO 5165 [90] wird ein spezifischer, d. h. festgelegter Zündverzug von 13°KW abhängig vom Kraftstoff über ein variables Verdichtungsverhältnis erreicht. Beim alternativ anwendbaren, in Deutschland gebräuchlichen, BASF-Motor nach DIN 51773 [91] erfolgt dies, der spezifische Zündverzug beträgt 20°KW, durch Drosseln der Ansaugluft. Als primäre Bezugskraftstoffe (vgl. Abbildung 3-7) dienen Hexadecan (Cetan) und 1-Methylnaphthalin (AMN). Die volumetrische Mischung dieser Komponenten definiert die vereinbarte Cetanzahlskala von Null (AMN) bis 100 (Cetan), was somit den Anwendungsbereich der Prüfmotormethoden eingrenzt. Im CFR-Motor wird aus Gründen der verbesserten Stabilität und Verfügbarkeit als unterer Bezugskraftstoff anstatt AMN überwiegend 2,2,4,4,6,8,8-Heptamethylnonan (HMN) mit einer CZ von 15 verwendet [90].

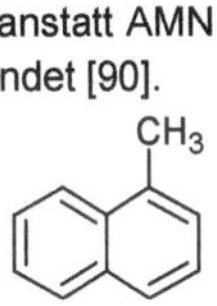

1-Methylnaphthalin ($C_{11}H_{10}$)
CZ=0

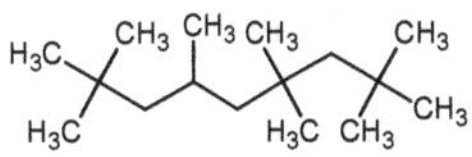

Heptamethylnonan ($C_{16}H_{34}$)
CZ=15

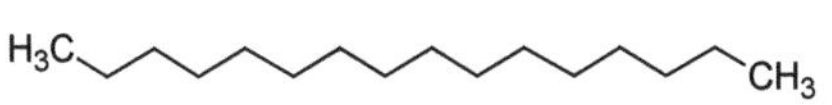

Cetan ($C_{16}H_{34}$)
CZ=100

Abbildung 3-7: Bezugskraftstoffe bei der Prüfmotor-Cetanzahlbestimmung

HMN weist die gleiche chemische Formel ($C_{16}H_{34}$) wie das n-Alkan Cetan auf, unterscheidet sich jedoch strukturell durch einen höheren Verzweigungsgrad. Bei einem zündfähig aufbereiteten Gemisch begünstigen geringere molekulare Bindungsenergien die Bildung von Brennstoffradikalen unter Wasserstoffabspaltung und somit die Selbstzündungsneigung. Die Bindungsenergie primärer Kohlenstoffstoffatome ist größer als jene sekundärer. Mit der Kettenlänge nimmt die Anzahl sekundärer Wasserstoffatome zu, sodass die Selbstzündungsneigung begünstigt wird [92]. Die Zündwilligkeit nimmt bei kompakten Molekülen, sowie Doppelbindungen ab. Innerhalb einer homologen Reihe sinkt die Zündwilligkeit mit der Anzahl der C-Atome, bzw. mit dem Molekulargewicht. Dies wird anhand der geringen Selbstzündungsneigung des aromatischen Kohlenwasserstoffs AMN ($C_{11}H_{10}$) ersichtlich. Folgender Zusammenhang gilt zwischen der Kohlenwasserstoffart und der Zündwilligkeit: n-Alkane>Alkene>Zykloalkane>Aromaten [81] [93]. Es sei jedoch darauf hingewiesen, dass Einkernaromaten (Benzolring) mit langen paraffinischen Seitenketten eine relativ hohe Zündwilligkeit aufweisen können [94].

Bei sauerstoffhaltigen Kraftstoffen wird die angrenzende chemische Kohlenstoffbindung geschwächt, so dass die Aktivierungsenergie gerade bei kurzkettigen Molekülen herabgesetzt werden kann. Als Beispiel hierfür sei Dimethylether (C_2H_6O) mit einer Cetanzahl größer 55 gegenüber Ethanol (C_2H_6O) mit einer Cetanzahl kleiner Zehn erwähnt. Ebenso führt Sauerstoff in einer heterocyclischen Verbindung zu einer gesteigerten Reaktivität [29]. Neben der chemischen Kraftstoffzusammensetzung wird die Selbstzündung noch stark von der Kraftstoffaufbereitung beeinflusst, so dass zwischen physikalischem und chemischen Zündverzug unterschieden wird. Kraftstoffseitige Eigenschaften wirken sich im gesamten Zündverzugsprozess aus. Für die Steuerung des selbstgezündeten Dieselbrennverfahrens ist die Zündwilligkeit daher eine der wichtigsten Einflussgrößen.

Das BASF-Verfahren zur Cetanzahlbestimmung bewertet die Zündwilligkeit einer Kraftstoffprobe höher verglichen mit der CFR-Methode, so dass diese nach unten korrigiert wird. Dies zeigt auf, dass die Zündwilligkeit abhängig von den motorischen Randbedingungen ist. Die Präzision der genannten Prüfmotormethoden wurde in zahlreichen Ringversuchen ermittelt und unterscheidet sich je nach Skalenbereich. Die Vergleichbarkeit einer Probe mit einer Cetanzahl von 53, welche den Mittelwert der Dieselkraftstoffe aus deutschen Raffinerien darstellt [86], kann zwischen zwei einzelnen und unabhängigen Ergebnissen einen Unterschied von über 3,5% beim BASF- und über 8% beim CFR-Verfahren aufweisen [90] [91]. Zudem unterscheiden sich die indirekt einspritzenden Einzylinder-Prüfaggregate enorm von modernen Dieselmotoren [90] [95]. Der CFR-Motor wurde beispielsweise im Jahr 1936 vorgestellt und hat sich technisch nur unwesentlich verändert [96]. Die Cetanzahlen unkonventioneller Kraftstoffe, die den Kraftstoffzufluss nicht zulassen oder eine zu geringe Zündwilligkeit, bzw. einen zu geringen Energieinhalt aufweisen, können nicht normkonform bestimmt werden. Eine Bestimmung der CZ kurzkettiger Alkohole nach dem BASF-Verfahren wurde u. a. erst durch eine Anhebung des geometrischen Verdichtungsverhältnisses von 18 auf 22 ermöglicht [97].

Nach der Norm EN 590 für Dieselkraftstoff ist neben der Cetanzahlbestimmung mit genormten Prüfmotoren derzeit ein weiteres Prüfverfahren anwendbar. Eine Erfassung und Bewertung des Zündverzugs und der daraus abgeleiteten Cetanzahl (ACZ) erfolgt gemäß der Prüfmethode DIN EN 15195 [98]. Die Kraftstoffprobe wird direkt in eine druckbeaufschlagte und aufgeheizte Verbrennungskammer mit konstantem Volumen (Nenninhalt 0,213 l +/- 0,002 l) eingespritzt. Aus dem ermittelten Zündverzug wird die ACZ

berechnet, die wiederum eine Schätzung der CZ ist. Berücksichtigt werden 32 Prüfverbrennungszyklen. Die absolute Temperatur der Verbrennungskammerluft beträgt etwa 515 bis 565°C, wobei die Differenz zwischen der höchsten und der niedrigsten Temperatur während der Prüfzyklen weniger als 2,5°C betragen darf. Der Kammerdruck wird mit 21,37 bar +/- 0,07 bar beziffert.
In dem Entwurf zur DIN EN 590:2011-10 [39] ist eine ähnliche Prüfmethode zugelassen, wobei sich die konstruktiven und thermodynamischen Randparameter unterscheiden. Nach DIN EN 16144 [99] wird die Kraftstoffprobe in ein konstantes Kammervolumen von 0,6 l +/- 0,03 l eingespritzt (25 Prüfzyklen), dessen Druckniveau 24 bar +/- 0,2 bar bei einer Kammertemperatur von 510°C +/-50°C aufweist. Die Differenz zwischen der minimalen und der maximalen Kammertemperatur während der Prüfzyklen darf 2,5°C nicht überschreiten.
Zur Kalibrierung dient bei beiden Verbrennungskammermethoden n-Heptan. In Bezug auf die Vergleichbarkeit weichen abgeleitete Cetanzahlen einer gleichen Probe zwischen zwei unabhängigen Messungen in unterschiedlichen Laboratorien bei der Vorgehensweise nach DIN EN 15195 um über 6% im Anwendungsbereich der ACZ von 34 bis 62 voneinander ab [98]. Bei der Prüfmethode nach DIN EN 16144 werden im Cetanzahlbereich von 39,5 bis 60 in Bezug auf die Vergleichbarkeit Unterschiede von über 7.5% angegeben [99]. Grundsätzlich sind die Verbrennungskammermethoden auch für unkonventionelle Kraftstoffe geeignet, die Genauigkeitsangaben gelten jedoch für die genannten Cetanzahlbereiche. Die Verbrennungskammermethoden lassen u. a. den Ladungsbewegungseinfluss unberücksichtigt, so dass hier Abweichungen zum realen Motorprozess zu erwarten sind.
Die Cetanzahlbestimmung in den Prüfeinrichtungen ist aufwändig und allein durch die Beschaffung kostenintensiv. Ferner ist die Genauigkeit verbesserungswürdig, bzw. für viele Kraftstoffe außerhalb der angegebenen Gültigkeitsbereiche nur unzureichend bekannt.
Steht keine Prüfeinrichtung zur Bestimmung der Cetanzahl, oder zu wenig bzw. kein Kraftstoff zur Verfügung, existieren alternativ Abschätzmethoden für die Zündwilligkeit.

Zur einfachen Qualitätskontrolle im Raffinerieprozess hat sich die Anwendung des Cetanindex (CI) durchgesetzt. Nach DIN EN ISO 4264 wird der CI anhand einer 4-Parameter-Gleichung aus der Brennstoffdichte und charakteristischen Punkten des Siedeverlaufs (T10, T50 und T90) berechnet. Die Gleichung wurde empirisch anhand der Auswertung von Raffineriedieselkraftstoffen ermittelt und ist somit gültig für Mitteldestillate auf Mineralölbasis [100]. Der Einsatz von Zündverbesserern kann nicht abgebildet werden. Für die einzelnen Einflussparameter ist entsprechend der Norm ein empfohlener Anwendungsbereich zu berücksichtigen, d. h. in Bezug auf die Cetanzahl ein Bereich von 32,5 bis 56,5. Bei Kraftstoffen mit stark abweichenden Dichten und unterschiedlichem Siedeverhalten, wie es bei vielen alternativen Energieträgern und auch Schwerölkraftstoffen der Fall ist, ist der CI nicht anwendbar [87] [100] [101].

Die Zündtemperatur (AIT) brennbarer Stoffe ist definiert als die niedrigste Temperatur bei welcher eine Substanz in Abwesenheit einer Flamme oder eines Zündfunkens in Luft und unter Atmosphärendruck entflammen kann. Bei reinen Kohlenwasserstoffen besitzt Methan die höchste Selbstzündungstemperatur. Folgender Zusammenhang gilt zwischen der Kohlenwasserstoffart und der AIT: Aromaten > Zykloalkane > Alkene > n-Alkane [93] [81]. Die Tendenzen entsprechen somit der Zündwilligkeit (Cetanzahlskala), wobei die Aromaten hohe Selbstzündungstemperaturen und niedrige Cetanzahlen aufweisen. Als Beispiele seien hier die Zündtemperaturen von 1-Methylnaphthalin (CZ=0) mit 529°C und von Cetan (CZ=100) mit 202°C angeführt [81]. Mit ansteigender Kohlenstoffatomanzahl innerhalb einer homologen Reihe der n-Alkane sinkt die AIT ab. Ein Anstieg im Umgebungsdruck senkt ebenfalls die Selbstzündungstemperatur, sie ist also keine konstante Größe sondern abhängig von den Umgebungsbedingungen analog zum Zündverzugsverhalten. Der Zusammenhang zwischen gemessenen CZ- bzw. AIT-Werten für ausgewählte Vertreter aus unterschiedlichen Stoffgruppen ist in Abbildung 3-8a dargestellt. Zwar entsprechen hohe AIT- auch niedrigen CZ-Werten und umgekehrt, der mittlere Cetanzahl- bzw. AIT-Bereich weist jedoch eine hohe Streuung auf und der Zusammenhang mit der CZ ist nicht linear [102].

In [103] wurde ein linearer Zusammenhang zwischen der Zündtemperatur und den volumetrischen Mischungen aus den primären Bezugskraftstoffen Cetan und AMN festgestellt. Eine derartige Einordnung der AIT-Werte von den verschiedenen Stoffen ermöglicht einen engeren Bezug zur Cetanzahlskala. Der Einfluss unterschiedlicher Molekülmassen kann tendenziell unter Ausnutzung der identischen chemischen Summenformeln ($C_{16}H_{34}$) für die Bezugskraftstoffe Cetan und HMN (Abbildung 3-7) vereinfacht durch den Faktor des Molekülmassenquotienten (MW_{Probe}/MW_{C16H34}) berücksichtigt werden (Abbildung 3-8b).

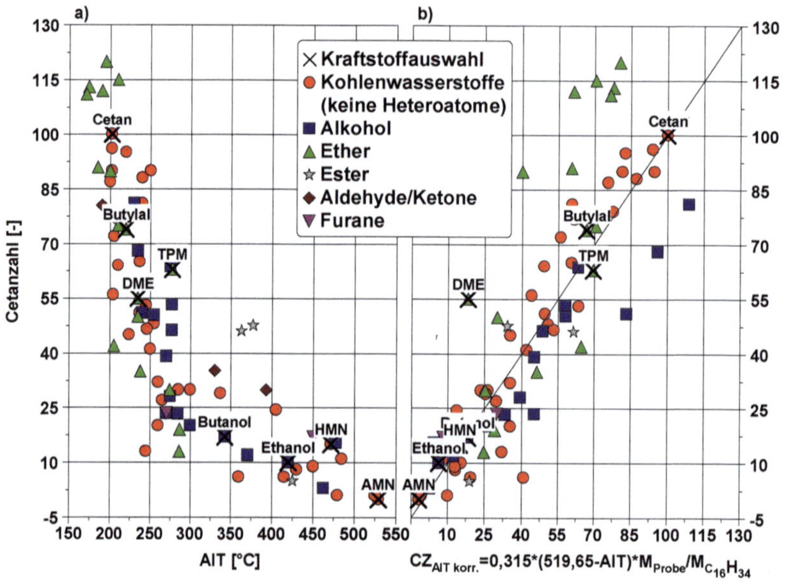

Abbildung 3-8: Zusammenhang zwischen der Cetanzahl und der Selbstzündungstemperatur, bzw. der massekorrigierten Selbstzündungstemperatur

Tendenziell werden durch diese Vorgehensweise Ether mit einer zu geringen und Alkohole mit einer zu hohen Zündwilligkeit eingeschätzt.

Die Bestimmung der Zündtemperatur erfolgt nach DIN 51794 [104] in einem Temperaturbereich von 75°C bis 650°C. Hierzu wird eine Probe in einem offenen Erlenmeyerkolben in einem elektrischen Ofen bis zur Selbstzündung erhitzt. Die Zündtemperatur hängt dabei von Versuchsrandparametern, u. a. der Gefäßbeschaffenheit, und der Versuchsdurchführung ab. Entsprechend des sicherheitstechnischen Charakters der Zündtemperatur wird anstatt des Probenmittelwertes der niedrigste Temperaturwert angegeben. Es kann zudem, u. a. bei der Vermessung von Ölen und unter Lufteinbringung in

das Probengefäß zu einer weiteren Entzündung bei Temperaturen weit unterhalb der normgerecht ermittelten Zündtemperatur kommen.
Um diese Messunsicherheiten zu minimieren wird bei Korrelationsmessungen zur Zündwilligkeit von Kraftstoffen gegen einen Standardkraftstoff gemessen. Oft wird hierzu eine Mischung aus den primären Bezugskraftstoffen Cetan und AMN wie in [101] und [103] verwendet. Nach [101] besteht ebenfalls ein Zusammenhang zwischen der Zündtemperatur und der Cetanzahl eines Kraftstoffes. Hier wird die Zündtemperaturbestimmung mit einer derart modifizierten Methode durchgeführt und zudem mit motorisch ermittelten Zündverzügen verglichen. Die Messungen zeigen einen tendenzmäßigen Zusammenhang, d. h. eine hohe AIT entspricht qualitativ einem hohen Zündverzug. Diese Untersuchungen schließen auch Betriebsstoffe wie Gasöle und Rückstandsbrennstoffe (Schweröle) bzw. Mischungen aus diesen und Palmöl ein. Des Weiteren werden Zündverzugs-vorausberechnungen anhand der Erweiterungen von empirisch ermittelten Zündverzugsgleichungen auf Basis der geschwindigkeitsbestimmenden Gleichung der Reaktionskinetik durchgeführt. Auf Grund der vielfältigen Einflussfaktoren auf den motorischen ZV verwenden derartige Gleichungen wenige Haupteinflussgrößen. Hierbei wurden zunächst verschiedene Gleichungen zur Zündverzugsberechnung gegenübergestellt, wobei für die eingesetzten Versuchsträger die Gleichung basierend auf den Erkenntnissen von Sitkei [105] die besten Ergebnisse zeigt. Deren allgemeine Form für einen Einkomponentenkraftstoff lautet entsprechend den Ausführungen in [101]:

$$ZV = ZV_{phys} + e^{\frac{E_1}{R \cdot T}} \cdot \left(\frac{C_1}{p^{n_1}} + \frac{C_2}{p^{n_2}} \right) \qquad \text{(Gleichung 3-11)}$$

mit:
ZV_{phys} physikalischer Zündverzug
p Druck
T Temperatur
E Aktivierungsenergie
C_1; C_2 Konstanten
n1; n2 Druckexponenten

Die Konstanten und Exponenten können anhand experimenteller Untersuchungen motorenspezifisch ermittelt werden. Ohne Veränderung dieser Faktoren kann nun die jeweilige Aktivierungsenergie für unterschiedlich zündwillige Kraftstoffe am Dieselmotor ermittelt und so eine Beziehung zwischen deren bekannter Cetanzahl bzw. Zündtemperatur hergestellt werden.
Über die Kenntnis der Cetanzahlen oder der Zündtemperaturen weiterer Kraftstoffe ist so unter der Berücksichtigung der thermodynamischen Randbedingungen bei Einspritzbeginn der Zündverzug für diese Kraftstoffe vorausberechenbar. Für die überwiegend erdölbasierten Kraftstoffe in [101] ergibt sich ein linearer Zusammenhang zwischen der CZ und der Aktivierungsenergie, zudem kann der Zündverzug durch die genannte Vorgehensweise sehr gut wiedergegeben werden. Die Aktivierungsenergie als Parameter zur Beschreibung des Zündverhaltens reiner Kohlenwasserstoffe kann in [106] bestätigt und auf den homogenisierten Betrieb ausgeweitet werden. Als zusätzliche wichtige Einflussgröße konnte hier die Sauerstoffkonzentration im Zylinder bei Einlass schließt bezogen auf den Sauerstoffgehalt der Luft definiert werden.
Die Bestimmung der Zündtemperatur anhand der Kenntnis der Kraftstoffstruktur wird in Absatz 3.3 aufgezeigt. Eine Kombination der vorgestellten Zündverzugsrechnung mit der

Zündtemperatur kann somit eine Voraussage des realen Zündverzugsverhaltens in der Verbrennungskraftmaschine ohne den Bedarf einer Kraftstoffprobe ermöglichen.
Einen tendenziell linearen Zusammenhang zwischen der experimentell bestimmten Cetanzahl und einer Moleküleigenschaft zeigt die Standardbildungsenthalpie für ausgewählte Stoffgruppen wie reine Kohlenwasserstoffe und Alkohole auf (Anhang 9.2) [102]. Dieser interessante Zusammenhang kann im Rahmen dieser Arbeit nicht ergründet werden und sollte in weiteren Forschungsaktivitäten näher betrachtet werden.

Es existieren weitere Methoden zur Cetanzahlabschätzung, die jedoch erweiterte Analysemethoden erfordern. Anhand der chemischen Zusammensetzung wird die Cetanzahl von Kohlenwasserstoffmischkraftstoffen bestimmt [107] [108]. In [109] sei die Abschätzung der CZ von Biodiesel unterschiedlicher Zusammensetzung mit Hilfe von Regressionsgleichungen erwähnt. Eine Erweiterung der strukturbasierten Cetanzahlabschätzung mit Methoden der physikalischen Chemie wird in [110] aufgezeigt, wobei die Kohlenstoff-13 NMR (Nuclear Magnetic Resonance)- Spektroskopie angewendet wird. Eine anwenderfreundliche Gruppenbeitragsmethode zur Cetanzahlabschätzung, die auch alternative Kraftstoffe mit einschließt und allein auf der Kenntnis von Einzelbeiträgen beruht, ist bisher nicht realisiert worden. Hauptgrund hierfür ist, dass für eine hohe Genauigkeit auf eine breite Datenbasis zurückgegriffen werden muss. Die Eignung moderner Zündverzugsbestimmungsmethoden in Verbrennungskammern auch für unkonventionelle Kraftstoffe, bei im Vergleich zu den Prüfmotormethoden erheblich reduziertem Versuchsaufwand, könnten eine rein molekülstrukturbasierte Zündwilligkeitsvorhersage durch die Ansammlung der geforderten breiten Datenbasis ermöglichen. Da die Zündwilligkeit eines Kraftstoffes stark von der Interaktion mit den konstruktiven Gegebenheiten des Motors bzw. von den thermodynamischen Randbedingungen abhängt, muss zur genauen Zündverzugsabschätzung immer das System Verbrennungsmotor mit einbezogen werden.

Nach [79] nehmen kraftstoffseitige Einflüsse auf die Gemischaufbereitung und damit auf den physikalischen Zündverzug ab, wenn der Einspritzdruck erhöht wird. Ebenso verkürzt sich der Zündverzug bei ansteigender Motorlast, da die thermodynamischen Randbedingungen die Selbstzündung begünstigen.
Zündverzüge von Kraftstoffen verhalten sich jedoch nicht linear über den thermodynamischen Randbedingungen. Anhand von Experimenten z. B. in Stoßwellenrohren wird deutlich, dass der ZV eines Kraftstoffes, der mit einer relativ hohen Cetanzahl bewertet wurde unter bestimmten thermodynamischen Randbedingungen größer sein kann, als der eines Kraftstoffes mit vermeintlich geringerer Cetanzahl [111]. Dieser Effekt tritt besonders bei Kraftstoffen mit Cetanzahlen unter CZ=50 [106] und relativ niedrigen Temperaturen mit hohem Inertgasanteil, beispielsweise bei hohen Abgasrückführraten auf, wie es typisch für homogenisierte, bzw. Niedertemperaturbrennverfahren ist.
Unter derartigen Bedingungen reagieren Kraftstoffe mit anteiligem Sauerstoff wie beispielweise Butanol oder TPM nicht so stark mit einer Steigerung der Zündverzugszeit wie konventionelle Kohlenwasserstoffe [112] [113]. Dies verbessert die Kaltstart- bzw. Warmlaufemissionen und muss bei der Steuerung homogenisierter Brennverfahren berücksichtigt werden. Auch unter konventionellen dieselmotorischen Randbedingungen wurde das Laufverhalten durch eine Methanol-, bzw. Ethanolbeimischung zum Dieselkraftstoff nicht so sehr verschlechtert, wie es die geringe Cetanzahl vermuten ließ [87]

[97]. Die Beschreibung der Zündwilligkeit durch die Cetanzahl kann somit unter gewissen Umständen die Gültigkeit verlieren.

3.2.8 Siedeverhalten

Für die Gemischbildung entscheidend ist das Verdampfungsverhalten eines Kraftstoffes. Besteht ein Kraftstoff nur aus einer Komponente, so weist dieser einen Siedepunkt auf. Mehrkomponentenkraftstoffe verdampfen innerhalb eines Siedebereichs, ausgedrückt durch den volumetrisch verdampften Anteil über der Temperatur. Konventionelle Dieselkraftstoffe sind Gemische unterschiedlicher Kohlenwasserstoffe, wobei nach der EN 590 95 Volumenprozente bis zu einer Temperatur von 360°C in den dampfförmigen Zustand übergegangen sein müssen. Der Siedebeginn ist nur indirekt in der Norm über den Flammpunkt (über 55°C) und einem maximal verdampften Anteil von unter 65 Volumenprozenten bei einer Temperatur von 250°C festgelegt [38]. Die Bestimmung erfolgt gemäß EN ISO 3405, bzw. EN ISO 3924. Nach der EN ISO 3405 werden die Destillationsbedingungen festgelegt, welche tendenziell an die schnelle Verdampfung im Motorprozess angenähert sind [88].

Die Verdampfungstemperatur hängt hauptsächlich von der Molekülstruktur und der Moleküloberfläche ab. Je kleiner die Oberfläche, desto niedriger ist der Verdampfungspunkt, da geringere Van-der-Waals-Kräfte zwischen den Atomen wirken. Innerhalb einer homologen Gruppe steigt also die Siedetemperatur im Allgemeinen mit der Kohlenstoffatomanzahl. Da die Zündwilligkeit vieler chemischer Verbindungen ebenfalls mit der Kohlenstoffatomanzahl steigt (Absatz 3.2.7), weisen folglich einzelne Siedefraktionen dieser Mehrkomponentenkraftstoffe unterschiedliche Cetanzahlen auf. Bei einem modernen direkteinspritzenden Dieselmotor liegt der verdampfte Anteil bis zum Selbstzündungsbeginn bei etwa zehn Prozent des Gesamtkraftstoffvolumens. Nach [114] handelt es sich hierbei hauptsächlich um niedrigsiedende Kraftstoffkomponenten. In diesem Zusammenhang wird die Anfangscetanzahl (ICN) definiert, welche der mittleren Cetanzahl der ersten zehn Prozent des verdampften Volumens der Siedekurve entspricht. Ein herabgesetztes Siedeende wirkt sich nach [88] positiv auf das Brennverhalten und mindernd auf die Schadstoffemissionen aus, zudem ist es ablagerungshemmend. Dem Siedeschwerpunkt bei 50 Volumenprozenten verdampftem Kraftstoffanteil könnte zur Definition neuer, auch für alternative Brennverfahren geeigneten, Kraftstoffkennzahlen besondere Bedeutung zukommen [111].

Die höhere Elektronegativität von Sauerstoff in Kohlenwasserstoffmolekülen bewirkt eine Polarität. Neben den Van-der-Waals-Kräften der unpolaren Alkylreste führt dies zu einem höheren intramolekularen Zusammenhalt beispielsweise über Dipol-Dipol-Kräfte, bzw. eine Ausbildung von Wasserstoffbrückenbindungen bei vorhandenen sauerstoffgebundenen Wasserstoffatomen, so dass die Siedetemperatur ansteigt. Siedepunkte von Aldehyden liegen somit zwischen denen von Alkanen und Alkoholen. Die ebenfalls gesteigerte Verdampfungsenthalpie kann zu Innenkühlungseffekten bei der Direkteinspritzung genutzt werden.

3.2.9 Rußbildungsneigung

Ruß entsteht bei der Verbrennung von kohlenstoffhaltigen Kraftstoffen bei lokalem Sauerstoffmangel (Absatz 2.1.4). Wird die Kraftstoffzumessung durch eine schwankende Kraftstoffqualität gestört, kann dies durch eine schlechte Gemischaufbereitung zu lokal fetten Zonen und damit zur Rußbildung führen. Begründet durch eine applizierte volumetrische Kraftstoffdosierung gelangt z. B. bei erhöhter Kraftstoffdichte zu viel Kraftstoff in den Brennraum, so dass die Rußgrenze überschritten werden kann (Absatz 3.2.4).

Eine Möglichkeit zur Minderung der Partikelemissionen bietet die Formulierung des chemischen Energieträgers. In einem ersten Schritt wurde der kraftstoffseitige Schwefelanteil des konventionellen Dieselkraftstoffes von 350 mg/kg, welcher bis zum Jahr 2005 zulässig war, schrittweise von max. 50 mg/kg bis zum Jahr 2009, auf derzeit max. 10 mg/kg abgesenkt [38]. Des Weiteren wurde der Aromatenanteil, insbesondere der Polyaromatenanteil von zuletzt 11 auf 8 Massenprozent reduziert [38]. Diese gelten analog zu den Rußbildungshypothesen als Rußvorläufer (Absatz 2.1.4). Eine Verminderung des Aromatenanteils eines Kraftstoffes senkt bei konstant gehaltener Cetanzahl sowohl die Ruß-, als auch die Stickoxidemissionen [89]. Die rußmindernde Wirkung hängt von dem molekularen Aufbau ab, so dass die Rußbildungsneigung eines aromatenreichen Kraftstoffes höher ist, als die eines rein paraffinischen Energieträgers, ausgedrückt durch das verringerte molare Wasserstoff zu Kohlenstoffverhältnis $\left(\frac{H}{C}\right)$ [115] [116]. Studien mit dem nahezu aromaten- und schwefelfreien Kraftstoff Schwedendiesel (SWC1) zeigen den rußreduzierenden Effekt dieser Herangehensweise [117]. Bei der Verwendung von synthetischen Dieselkraftstoffen wie FT-Diesel [118] [119] oder HVO [34] [120] ist der Kraftstoff frei von Aromaten und weist ein erhöhtes molares H/C-Verhältnis auf, so dass, abhängig von den motorischen Randparametern, von einer Rußminderung ausgegangen werden kann [121].
Ein weiterer Ansatz ist die Erweiterung der reinen Kohlenwasserstoffe um den Parameter Sauerstoff. Das bietet entsprechend der gewählten Komponente (Stoffklasse, Molekülgröße, Zusammensetzung und Struktur) einen breiten Variationsparameterraum.

In Bezug auf das Gemischbildungs- und Selbstzündungsverhalten und damit auf die Rußbildungsneigung sind nach [114] und [122] folgende kraftstoffseitige Parameter entscheidend:

- Die Dichte
- die Viskosität
- die Oberflächenspannung
- die Verdampfungsenthalpie
- das Siedeverhalten
- das molare H/C-Verhältnis
- der Sauerstoffgehalt
- der stöchiometrische Luftbedarf

In [122] werden auf Basis von Motorversuchen mit Methoden der statistischen Versuchsplanung die Haupteinflussgrößen bezüglich des Rußemissionsverhaltens auf die Kombination der Größen molares H/C-Verhältnis, stöchiometrischer Luftbedarf und den gemessenen motorischen Zündverzug reduziert. Die Sauerstoffintegration in das Kraftstoffmolekül wirkt sich massiv auf diese Kraftstoffeigenschaften aus.
In den letzten Jahren wurden verstärkt Arbeiten auf dem Gebiet der Rußemissionsminderung durch einen kraftstoffseitigen Sauerstoffanteil durchgeführt [114] [123]. Hierbei handelt es sich im Allgemeinen um lineare oder leicht verzweigte Kohlenwasserstoffe in denen molekular gebundener Kohlen-, oder Wasserstoff durch Sauerstoff substituiert wurde. Je nach Bindungsart und Oxidationsstufe ergeben sich chemische Energieträger wie Alkohole, Ether, Ester, Ketone, usw. (Absatz 3.1). Das große Potential derartiger Energieträger zur eklatanten Senkung der Rußemissionen wurde in diesen und weiteren motorischen Untersuchungen bestätigt.

Ausgewählte Resultate dieselmotorischer Untersuchungen bezüglich der Rußmassenminderung von Oxykraftstoffen sind in der Abbildung 3-9 zusammenfassend über dem Kraftstoffmassenanteil an Sauerstoff aufgetragen.
Entsprechend der Ausführungen zu dem Kraftstoff Biodiesel in Kapitel 3.1.2 verringern sich die PM-Emissionen nahezu linear zur volumetrischen Biodieselbeimischung gegenüber rohölbasiertem Kraftstoff [40]. Bei einer vollständigen Substitution des Dieselkraftstoffs konnten die PM-Emissionen in der Nutzfahrzeuganwendung um über 45% reduziert werden.
Ein umfangreiches Screening von weiteren potentiellen sauerstoffhaltigen Kraftstoffkandidaten und anschließender motorischer Untersuchung erfolgt in [5] [124] [125]. Bei der Auswahl wurden ergänzend zu der Verbrennungseigenschaft auch weitere Parameter wie die Materialverträglichkeit und die Toxizität berücksichtigt.
Neben den Motorenkonzepten und Variabilitäten unterscheiden sich diese und weitere Untersuchungsmethoden in Bezug auf die Vorgehensweise, d. h. die kombinierte Betrachtung von Kraftstoffeinflüssen und brennverfahrensrelevanten Eigenschaften. Variiert wird der Sauerstoffanteil, meist durch Blending zum aromaten- und schwefelarmen Standardkraftstoff ohne Sauerstoffanteil, oder synthetischem Dieselkraftstoff.
Aufgrund des Eingriffs in die Kraftstoffchemie werden auch weitere für die Emissionsbildung und die Motorperformance relevante Parameter variiert. Um Quereinflüsse auf die Schadstoffbildung zu reduzieren wird meist über die Kraftstoffformulierung, bzw. Additivierung eine ähnliche Zündwilligkeit als Basis gesetzt [126], bzw. der Beimischungsanteil möglichst gering gewählt [127].
Auf der einen Seite werden die Brennverfahrensstrategien aus dem Bereich der (teil-)homogenen Dieselverbrennung verfolgt. Hierbei werden zugunsten einer verbesserten Homogenisierung meist niedrigsiedende Kraftstoffe verwendet, welche zudem, entsprechend ihrer niedrigen Zündwilligkeit, einen verlängerten Zündverzug und zusätzlich einen hohen Sauerstoffanteil, bzw. ein hohes molares H/C-Verhältnis aufweisen [7] [43] [46] [122] [128] - [131]. Auf der anderen Seite werden analog zu den Untersuchungen zu synthetischem Dieselkraftstoff [85] Sauerstoffträger mit relativ hohen Cetanzahlen eingesetzt, z. B. langkettige Alkohole oder Oxymethylenether [125] [132] - [134].

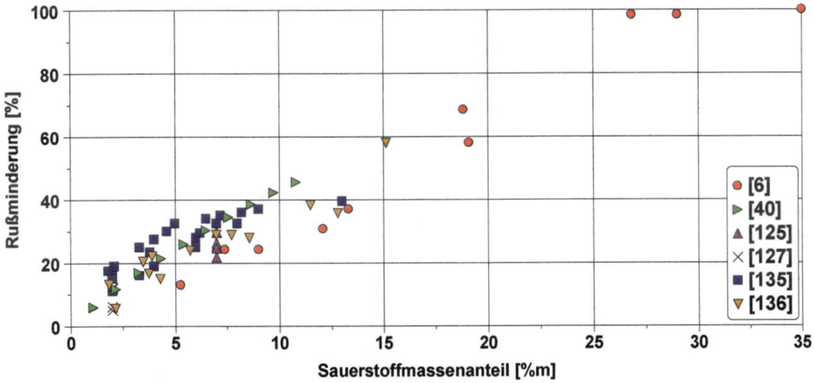

Abbildung 3-9 : Rußemissionen sauerstoffhaltiger Kraftstoffe

Obwohl die Untersuchungen mit unterschiedlichen Motoren und Brennverfahrenskonzepten und auch verschiedenen Oxykraftstoffen durchgeführt wurden, ist der tendenzielle Zusammenhang zwischen der Rußminderung und dem Parameter Kraftstoffsauerstoff-

massenanteil erkennbar. Eine weitere wichtige Einflussgröße bei der Rußentstehung, bzw. der Rußnachoxidation ist die Kraftstoffstruktur [132] [137] [138]. In [127] werden sowohl Struktureffekte als auch der Siedepunkt der sauerstoffhaltigen Kraftstoffkomponente in Hinblick auf die Rußemissionen an einem optisch zugänglichen 2-Takt DI Dieselmotor untersucht. Hierzu werden dem Dieselkraftstoff jeweils zwei Massenprozent Sauerstoff über die Blendkomponente zugemischt. Als Sauerstoffträger dienen drei unterschiedliche Glycolether und zwei Ester, die sich jeweils strukturell und in ihren Siedepunkten unterscheiden. Ein Effekt des Siedeverhaltens auf die Ruß- oder Stickoxidemissionen konnte nicht festgestellt werden. Die Rußminderung lag im Bereich von 5 bis 12% gegenüber dem Referenzkraftstoff. Die hier verwendeten Esterkomponenten senken den Ruß stärker als die Glycolether, vor allem auf Grund ihrer verringerten Zündwilligkeit und der damit einhergehenden verbesserten Gemischaufbereitung durch den verlängerten Zündverzug. In dieser Studie konnte eine simultane Senkung der Stickoxid- und Rußemissionen durch die Kombination von Kraftstoff- und Brennverfahrenseinflüssen beobachtet werden.
Mischungen aus Ethanol, Ether und Ester mit fossilem Dieselkraftstoff werden an einem direkteinspritzenden Nfz-Einzylinderprüfstand in [135] untersucht. Haupteinfluss auf charakteristische Kenngrößen der Energieumsetzung wie den Zündverzug und die maximale Energieumsetzung besitzt nicht der Sauerstoffanteil, sondern die Zündwilligkeit. Jedoch konnte eine Verkürzung der Brenndauer bei ansteigendem Sauerstoffmassenanteil im Kraftstoff beobachtet werden. Die Rußminderung steigt mit dem Sauerstoffmassenanteil, die Rußminderungsrate nimmt dabei jedoch ab.
Verschiedene Ether und Ester, als Beimischungskomponente und als Reinkraftstoff, zeigten in [6] ebenfalls an einem direkteinspritzenden Einzylinderaggregat eine untergeordnete Rolle des Struktureinflusses. Haupteinflussgröße ist der Sauerstoffmassenanteil, dessen Rußminderung nahezu linear ist und der ab etwa 30 Massenprozent eine PM-Reduktion von über 98% in Relation zu dem konventionellen Dieselkraftstoff bewirkt.
Verschiedene Ether, Glycolether und Ethanol wiesen in [136] am Nfz-Vollmotor einen Struktureinfluss auf die Rußminderung auf, dieser ist jedoch klein gegenüber dem Einfluss des Sauerstoffmassenanteils.
Acht von den in [124] ausgewählten sauerstoffhaltigen Energieträgern wurden in [125] am leichten Nutzfahrzeugmotor OM611 der Fa. DaimlerChrysler untersucht. Durch die Verwendung von Dieselsubstituten unterschiedlicher Oxydationsstufen bei gleichem Sauerstoffmassenanteil (7%) im Blend mit schwefelarmem Dieselkraftstoff können erweiterte Aussagen zum Struktureinfluss und dem Siedeverhalten der Zumischkomponente auf die Rußminderung getroffen werden. Die Gesamtrußmasse wird von den sauerstoffhaltigen Blends im Durchschnitt um etwa 26% gegenüber dem schwefelarmen Dieselkraftstoff gesenkt, wobei die absolute Rußminderung der einzelnen Kraftstoffe um bis zu 7%-Punkte differiert. Ohne Berücksichtigung der flüchtigen Komponenten konnte der nichtlösliche Ruß um durchschnittlich 42% gesenkt werden. Die Oxyblends unterscheiden sich dabei untereinander um 24%. Diese relativ großen Spreizungen zeigen auf, dass nicht nur der Kraftstoffsauerstoffmassenanteil allein für die Rußminderung verantwortlich gemacht werden kann.
Der Rußminderung stehen in den betrachteten Untersuchungen meist leicht erhöhte Stickoxidemissionen gegenüber. Für eine genauere Quantifizierung der Rußminderung entsprechend des Quereinflusses auf Grund des Ruß-NO_X-Tradeoffverhaltens, erfolgte eine Erweiterung der Untersuchungen von [125] in [139]. Versuchsträger ist ein DaimlerChrysler OM611 2,151 Liter Common-Rail Turbodieselmotor, welcher mit schwefelarmem Dieselkraftstoff, Blends aus diesem Dieselkraftstoff mit Dibutyl Maleate (DBM) und Tripropylene Glycol Monomethyl Ether (TPM), jeweils auf 7 Gewichtsprozent Sauerstoff

zugemischt und mit FT-Kraftstoff betrieben wird. Diese Sauerstoffblends zeigten in den Untersuchungen von [125] um ca. 14-18% erhöhte Stickoxidemissionen.
Zur Senkung der Stickoxidemissionen dient als weiterer Variationsparameter die Abgasrückführung sowie die Schwerpunktlage der Energieumsetzung, welche gegenüber der OEM-Auslegung über den Einspritzbeginn verspätet ist. Diese Strategie führt zu einem Verbrauchsnachteil von 2,5-3%. Der FT-Diesel und die Sauerstoffblends zeigen auf ähnlichem Niveau die geringsten PM-Emissionen gegenüber den konventionellen Dieselkraftstoffen. Auf Grund eingeschränkter Luftpfadvariabilität war die AGR-Zumessung limitiert, so dass potentielles Emissionsminderungspotential (AGR-Verträglichkeit) der Kraftstoffformulierung nicht näher untersucht werden konnte.
In [134] werden Polyetherblends zur simultanen Ruß- und Stickoxidminderung verwendet, wobei dies mit einer erhöhten Rußoxidationsrate durch den intramolekularen Sauerstoffgehalt und der erhöhten Flammentemperaturen, bzw. mit einer verbesserten AGR-Verträglichkeit für eine weitere Stickoxidminderung begründet wird.

An einem direkteinspritzenden Pkw-Dieselmotor (0,45 dm^3) werden in [140] Kraftstoffuntersuchungen mit anteiligem Sauerstoff durchgeführt und neben deren Auswirkung auf die Partikelmasse auch die Partikelgrößenverteilung durch Messungen mit dem SMPS untersucht. Hier kann der Zusammenhang zwischen Sauerstoffmassenanteil sowie dessen Kraftstoffstruktur mit der Rußmassenminderung bestätigt werden. Die Partikelanzahl ist bei niedrigen Motorlasten um 50% reduzierbar. Ein unterschiedliches Verdampfungsverhalten zeigt keinen Einfluss auf die Partikelmasse.
Messungen der Partikelgrößenverteilung im Abgas bei der dieselmotorischen Verbrennung von Oxykraftstoffen unter Variation der Einspritzparameter in Kombination mit externer Abgasrückführung werden in [141] untersucht. Gegenüber einem konventionellen Dieselkraftstoff wird die Anzahlemission der Partikel über 20 nm Durchmesser abgesenkt. Diese Beobachtung korreliert mit den Erkenntnissen zur Rußmassenminderung der verschiedenen aufgeführten Studien. Im Nukleationsmodus, d. h. bei kleinen mittleren Partikeldurchmessern unter 20 nm, wird eine starke Erhöhung der Partikelanzahl beobachtet.

Zur Beurteilung des Rußbildungsverhaltens eines Kraftstoffes ist derzeit keine direkte Kenngröße in der Norm DIN EN 590 für Dieselkraftstoff enthalten. Zur Charakterisierung der Rußbildungsneigung von Kraftstoffen für die Anwendung in Flugzeugturbinen (Kerosin) eignet sich der Rußpunkt (SP) [142]. Der SP wird nach der Prüfmethode ISO 3014 bestimmt [143]. Hierbei entspricht dieser einer maximalen Flammenhöhe (in mm), die bei der Verbrennung einer Probe in einer speziellen Rußpunktlampe mit verstellbarem Docht ohne Rußbildung erreicht wird. Der SP ist abhängig von den in der Probe enthaltenen Kohlenwasserstofftypen und liefert so einen Hinweis auf deren Rußbildungseigenschaften bei einer diffusiven Kraftstoffumsetzung [143]. Ein erhöhter Aromatenanteil in der Probe, besonders der Anteil von Mehrringaromaten, verringert die Flammenhöhe, führt also analog zu den dieselmotorischen Untersuchungen zu einer erhöhten Rußbildung. Die Flammenhöhe steigt mit dem molaren Wasserstoff zu Kohlenstoffverhältnis (H/C-Verhältnis), die Rußbildung bei höherem molekularem Wasserstoffanteil wird also gemindert [142]. Bei gleichem H/C-Verhältnis weisen unterschiedliche Kohlenwasserstoffe jedoch nicht immer einen identischen SP auf. Um derartige Struktureffekte besser zu berücksichtigen, eignet sich der Threshold Sooting Index (TSI) nach [144].

$$TSI = a\left(\frac{MW}{SP}\right) + b \qquad \text{(Gleichung 3-12)}$$

Die Konstanten a und b skalieren den TSI unabhängig von der Bestimmungsapparatur des SP durch die Verwendung von Bezugskraftstoffen auf die willkürlich festgelegte Skala von Null bis 100. Unter Berücksichtigung des Molekulargewichts (MW) der Kraftstoffprobe kann so deren inhärente Rußbildungsneigung zahlenmäßig angegeben werden. Obwohl die Erfassung von Struktureffekten über die Molekülmasse nicht vollkommen ist [145], korreliert der TSI dennoch mit dem Rußbildungsverhalten konventioneller Kraftstoffe bei der Gasturbinenanwendung [146].

Ein hoher TSI bedeutet eine hohe Rußbildungsneigung. Diese nimmt im Allgemeinen nach dem Schema n-Alkane < iso-Alkane ≈ Cycloalkane < Alkene < Alkine < Alkylbenzole < Polyaromaten zu [146] [147]. Die verschiedenen Kohlenwasserstoffklassen untereinander verhalten sich unterschiedlich bezüglich einer Änderung der Kohlenstoffatomanzahl, so dass in dem allgemeinen Schema Verschiebungen auftreten können.

Eine Abschätzung des TSI auf Basis der Gruppenbeitragsmethode (vgl. Absatz 3.3) erfolgt in [123]. Neben reinen Kohlenwasserstoffen wird Sauerstoff als Heteroatom im Kohlenwasserstoffverbund berücksichtigt. Die Werte der Einzelgruppenbeiträge entsprechen somit deren Rußminderung gegenüber einem Bezugskraftstoff. Diese Vorgehensweise ermöglicht eine Trennung der Effekte von einer reinen Substitution des Grundkraftstoffes durch die Zumischkomponente („Verdünnung") und dem Sauerstoffanteil selbst. Die Rußminderung unterschiedlicher Sauerstofftypen, bei gleichem zugemischten Sauerstoffmassenanteil, steigt entsprechend der Staffelung Ester < Ether < Alkohol < Keton < Aldehyd an. Verzweigungen oder Ringstrukturen verstärken jeweils die Rußbildung gegenüber einer linearen Sauerstoffeinbettung.

Bei den Bezugskraftstoffen in [123] handelt es sich um dieselähnliche Kohlenwasserstoffe, die Aromaten beinhalten. Wird so einem Kraftstoff ein Sauerstoffträger beigemischt, muss die Quantifizierung der Rußemissionsänderung durch die Sauerstoffkomponente gegenüber einem Kraftstoffblend erfolgen, dessen Zumischanteil gleichartig durch n-Alkane ersetzt wurde. Bei einem Blend aus Bezugskraftstoff und Hexanol als Sauerstoffträger im Vergleich zu einem mit n-Alkan substituierten Blend, erfolgt die verminderte Rußbildung zu zwei Dritteln auf Grund der bloßen Reduzierung von stärkeren Rußbildnern im Grundkraftstoff und zu einem Drittel durch den Sauerstoffanteil [123]. Je nach Bezugskraftstoff, Sauerstoffträger und Randbedingungen können diese Anteile variieren.

In [147] wurden laseroptische Untersuchungen zur Rußbildung von sauerstoffhaltigem Kraftstoff in hochverdünnten laminaren Diffusionsflammen durchgeführt. Reiner DME verbrennt nahezu ohne Rußbildung. Eine Beimischung des Oxykraftstoffs DME zu Ethylen zu gleichen Teilen bewirkt eine Rußminderung um 75%. Ist der DME-Anteil in dieser Mischung jedoch gering, wird das Partikelwachstum verstärkt und die Rußkonzentration erhöht sich gegenüber dem reinen Bezugskraftstoff Ethylen. Dieses Verhalten widerspricht den experimentellen Erkenntnissen aus der motorischen Verbrennung, bei denen eine kraftstoffseitige Sauerstoffanreicherung gleichbedeutend mit einer Rußminderung ist. Wie im Abschnitt 2.2 beschrieben, werden die Rußvorläufer im konventionellen Dieselmotor unter Sauerstoffmangel zunächst gebildet und anschließend bei ausreichendem Sauerstoffangebot im Form der charakteristischen Diffusionsverbrennung oxidativ umgesetzt.

Zur Beschreibung des Einflusses des kraftstoffseitigen Sauerstoffanteils auf die Rußbildung eignet sich somit die Modellvorstellung einer sauerstoffarmen, vorgemischten Umgebung.

Eine numerische Studie zur Rußminderung alternativer sauerstoffhaltiger Energieträger unter homogen vorgemischten, sauerstoffarmen Reaktionsbedingungen erfolgt in [148]. Hierfür wurde ein detailliertes reaktionskinetisches Modell für sauerstoffhaltige Alternativkraftstoffe entwickelt. Die Parametrierung erfolgte unter Zuhilfenahme strukturbasierter Abschätzmethoden (siehe Abschnitt 3.3). Pro gebundenes Sauerstoffatom im Kraftstoff entsteht bei der Verbrennung zusammen mit dem benachbarten Kohlenstoffatom hauptsächlich CO und CO_2. Diese Bindungen bleiben im weiteren Verbrennungsablauf stabil und somit stehen weniger Kohlenstoffatome zur Bildung von Rußvorläufersubstanzen zur Verfügung.

Alle Oxykraftstoffe aus den Gruppen der Alkohole, Ester und Ether zeigen bei der Zumischung in den Bezugskraftstoff n-Heptan eine verminderte Rußbildung. Die Rußbildungsminderung ist dabei abhängig von der Sauerstoffgruppe und steigt bei gleichem Sauerstoffmassenanteil im Kraftstoff nach folgendem Schema Ester < Ether < Alkohol an. Dieses Schema wird in [123] im Rahmen der TSI-Untersuchungen bestätigt. Charakteristisch für Ester ist eine Struktur, in welcher zwei Sauerstoffatome an einem Kohlenstoffatom gebunden sind (Absatz 3.1.2). Während der Verbrennung kommt es teilweise dazu, dass diese beiden Sauerstoffatome direkt mit dem Kohlenstoff reagieren und CO_2 bilden. Die Rußminderungswirkung pro Sauerstoffatom wird reduziert.

Die stärkste Rußminderung im Rahmen dieser Studie zeigte Methanol. Der einfachste Vertreter der Alkohole zeichnet sich dadurch aus, dass die Bindung des einzigen Kohlenstoffatoms mit dem Sauerstoffatom bei der Verbrennung der Rußbildung entgegenwirkt. Ein Mischkraftstoff aus Methanol und n-Heptan mit einem Sauerstoffmassenanteil von 30% bildet nahezu keinen Ruß. Diese Sauerstoffschwelle zur rußfreien Verbrennung wird in den dieselmotorischen Untersuchungen entsprechend der Abbildung 3-9 bestätigt. Der genannte Methanol/n-Heptan-Blend besteht zu über 80% aus dem Sauerstoffträger, es kann also nicht mehr von einem Kraftstoffzusatz gesprochen werden.

Zur Rußminderung flüssiger Kraftstoffe auf Kohlenwasserstoffbasis eignen sich Kraftstoffzusätze, die einen hohen Sauerstoffmassenanteil aufweisen und in denen pro Kohlenstoffatom ein Sauerstoffatom gebunden ist. Für derartige Kraftstoffe kann das inhärente Rußminderungspotential formelmäßig durch das effektive molare Wasserstoff zu Kohlenstoffverhältnis $\left(\frac{H}{C}\right)_{Eff}$ wiedergegeben werden und zwar unter der Annahme, dass ein Kohlenstoffatom, welches an einem Sauerstoffatom gebunden ist, nicht an der Rußbildung teilnehmen kann [5] [125].

$$\left(\frac{H}{C}\right)_{Eff} = \frac{H}{C-O} \qquad \text{(Gleichung 3-13)}$$

Zum besseren Verständnis des Einflusses von kraftstoffseitigem Sauerstoffeintrag in Bezug auf die Rußentstehung werden in [149] laseroptische Untersuchungen am Transparentmotor durchgeführt. Unter den Versuchsrandbedingungen ist die Verbrennung dann rußfrei, wenn das molare Verhältnis von Sauerstoff zu Kohlenstoff im paraffinartigen Oxykraftstoff $\left(\frac{O}{C}\right) =$ 0,4 übersteigt. Dies entspricht etwa einem Kraftstoffsauerstoffmassenanteil von 30% und bestätigt die experimentellen Motoruntersuchungen (Abbildung 3-9). Andere Literaturquellen wie [112] geben einen rußfreien Betrieb ab einem Sauerstoffmassenanteil von 27-35% an, wobei die Rußminderung wiederum abhängig von der Kraftstoffstruktur ist [149] [150].

Bei der Verwendung reiner Kohlenwasserstoffe erfolgt der Sauerstoffeintrag für die Vormischverbrennung durch das Mitreißen des Brennraumgases durch den Einspritzstrahl (Kapitel 2.2). Der Einfluss der thermodynamischen Randbedingungen und des Lufteintrags während der Gemischaufbereitung muss somit in die Betrachtung der Rußentstehung mit einbezogen werden.

Mit Berücksichtigung der Luftmitführung wird die Schwelle zur Verbrennung ohne Rußbildung für konventionellen Dieselkraftstoff bei einem Sauerstoff zu Kohlenstoffverhältnis $\left(\frac{O}{C}\right)_{ges} = 1{,}5$ überschritten [151]. Durch die Verwendung eines sauerstoffhaltigen alkanartigen Kraftstoffes sinkt diese Schwelle [149]. Neben dem Sauerstoffanteil des Kraftstoffes selbst kann diese Schwelle durch motorische Parameter beeinflusst werden. Einflussgrößen zur Erhöhung des Sauerstoffeintrags in der Vormischflamme sind u. a. eine Reduzierung der Zylinderladungstemperatur- und -dichte [152].

Während der lokal verfügbare Sauerstoff ein wichtiger Faktor im Rahmen des Rußbildungsmechanismus ist, hängt die resultierende Rußemission im Abgaspfad von der Verweilzeit unter Rußbildungsbedingungen und von den Oxidationsbedingungen im Brennraum ab. Die Rußoxidation verbessert sich insbesondere bei hohen Brennraumtemperaturen und hohem Sauerstoffangebot. Zudem ist auch die Rußoxidation abhängig von der Kraftstoffstruktur. Ringförmige und verzweigte Strukturen zeigen eine verringerte Nachoxidationsrate [132] [152].

Bei der Betrachtung der Einflussgrößen wird ersichtlich, dass die rußmindernde Wirkung von sauerstoffhaltigen Energieträgern auch von Seiten der motorischen Stellparameter in Luft- und Kraftstoffpfad unterstützt werden kann. In die Quantifizierung einer Rußminderungswirkung müssen also ebenfalls diese Größen mit einfließen.

Eine gemeinsame Darstellung von dem Brennverfahrensparameter Zündwilligkeit, ausgedrückt durch die Cetanzahl (Absatz 3.2.7) und dem ausgewählten kraftstoffseitigen Kennwert zur Rußbildungsneigung, d. h. das molare effektive Wasserstoff- zu Kohlenstoffverhältnis, erfolgt in Abbildung 3-10. Die hierfür zugrunde gelegten Daten basieren u. a. auf dem Kandidatenscreening von [5], bzw. stammen aus den verschiedenen Literaturverweisen dieses Kapitels.

Für Kraftstoffformulierungen mit hoher Zündwilligkeit und niedrigem Rußbildungspotential eignen sich besonders Ether. Bei Alkoholen nimmt die Rußminderung mit steigender Cetanzahl ab.

Durch die Vielzahl der Einflussgrößen ist eine genaue Quantifizierung der resultierenden Rußemission eines Kraftstoffes derzeit nur unter realen motorischen Randbedingungen möglich.

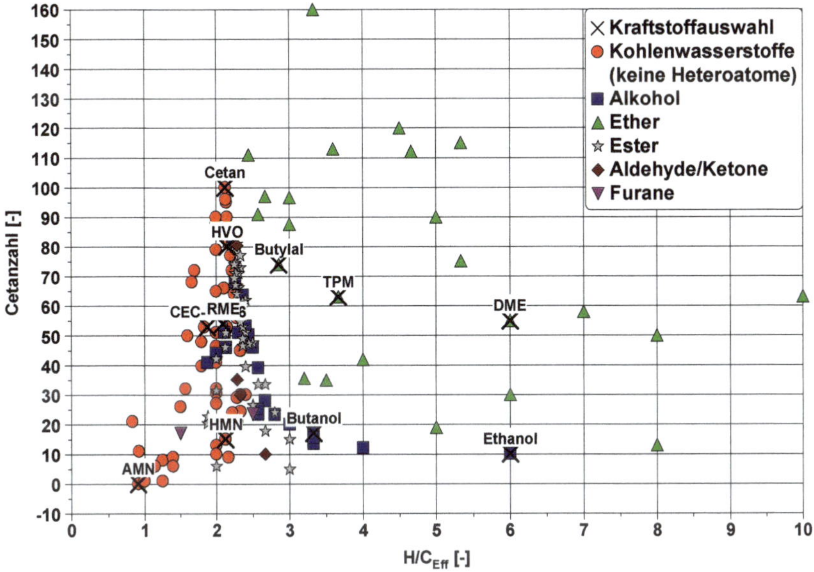

Abbildung 3-10: Zündwilligkeit und molares Wasserstoff- zu Kohlenstoffverhältnis unter Berücksichtigung des Sauerstoffanteils alternativer Kraftstoffe

3.2.10 CO_2-Bildungspotential

Auf Grund der unterschiedlichen molekularen Zusammensetzung weisen chemische Energieträger Unterschiede in Bezug auf die Bildung von CO_2 auf. Die bei der Verbrennung entstehende Menge an Kohlenstoffdioxid kann anhand der Stoffmengen- und Massengleichung nach [29] ermittelt werden. Diese Bestimmung erfolgt unter Einbeziehung der abgeschätzten Heizwerte basierend auf der Gruppenbeitragsmethodik entsprechend der Ausführungen in den Absätzen 3.2.1 und 3.3.

So weist ein Brennstoff der molekularen Zusammensetzung $C_1H_0O_0$ ein maximales und ein Brennstoff der Zusammensetzung $C_0H_1O_0$ ein minimales CO_2-Bildungspotential auf. Bildungspotentiale ausgewählter chemischer Energieträger sind in Abbildung 3-11 über dem effektiven Wasserstoff zu Kohlenstoffverhältnis, d. h. über dem potentiellen Rußminderungs-potential (vgl. Absatz 3.2.9) aufgetragen.

Der sauerstofffreie Referenzdieselkraftstoff mit einem Molekülverhältnis von $\left(\frac{\mathrm{H}}{\mathrm{C}}\right) = 1{,}88$ weist eine energiespezifische Kohlenstoffdioxidbildung von 73,3 g/MJ auf, visualisiert durch die gestrichelte Linie in Abbildung 3-11. Alle Energieträger unterhalb dieser Linie mindern den Kohlenstoffdioxidausstoß unter der Annahme gleichen motorischen Wirkungsgrades. Positiv in dieser Zusammenstellung hervorzuheben sind besonders kurzkettige n-Paraffine bis hin zu Methan und auch kurzkettige Ether und Alkohole wie DME und Ethanol. Die aufgrund ihrer Stoffeigenschaften für die dieselmotorische Anwendung ohne besondere Anpassung besser geeigneten Polyether zeigen ein tendenziell erhöhtes CO_2-Bildungspotential. Dieser Nachteil kann aber potentiell durch Nutzung nachwachsender Rohstoffe bei deren Herstellung in der Gesamtenergiebilanz stark gegenüber fossilen Brennstoffen über-kompensiert werden.

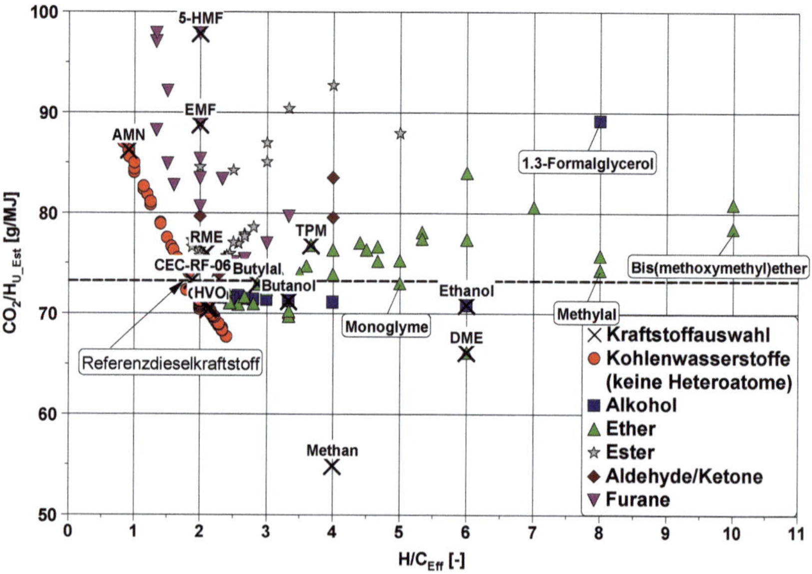

Abbildung 3-11: CO_2-Bildungspotential ausgewählter Kraftstoffe

3.2.11 Weitere Kenngrößen

Neben den zuvor diskutierten sind weitere Größen von Bedeutung. Natürlich weisen die Kosten einen hohen Stellenwert zur Beurteilung eines potentiellen Kraftstoffkandidaten auf. Daneben sollte die Herstellbarkeit auf Basis erneuerbarer Energieträger gegeben sein.

Die im Verlauf dieses Kapitels bereits vorgestellten Kriterien wurden als die Haupteinflussparameter auf das dieselmotorische Brennverfahren identifiziert. Diese können genutzt werden, um eine potentielle Kraftstoffanwendung abzuschätzen. In Ergänzung sind noch weitere Kraftstoffkennwerte zur Erhöhung der Beurteilungsqualität in diese Betrachtung einzubeziehen. Beispielsweise wirkt sich die adiabate Flammentemperatur, welche u. a. kraftstoffabhängig ist, auf das Durchbrennverhalten aus [114]. Diese Temperatur wird erreicht, wenn ein Kraftstoffgemisch u. a ohne Wärmeabfuhr verbrannt wird. Eine Annäherung an die Stöchiometrie bedeutet eine erhöhte maximal mögliche Flammentemperatur.

Weitere Kenngrößen können für die Bewertung der Kraftstoffanforderungen herangezogen werden, wie z. B.:

- Materialverträglichkeit
- Toxizität
- Biologische Abbaubarkeit
- Zündgrenzen
- Volumenvergrößerung durch Verbrennungswasserbildung

Viele von diesen Kenngrößen sind durch strukturbasierte Abschätzmethoden ermittelbar (Absatz 3.3).

3.3 Abschätzmethoden für ausgewählte Kennwerte

Besonders für die Beurteilung neuartiger Energieträger fehlt oft eine geeignete Datenbasis von relevanten Kraftstoffkennwerten. Im folgenden Abschnitt wird ein Einblick über mögliche Abschätzmethoden für ausgewählte Größen gegeben.

Einfache Methoden orientieren sich an empirischen Zusammenhängen, wie beim Cetanindex (CI) (vgl. Kapitel 3.2.7), oder der chemischen Molekülzusammensetzung. Beispiele hierfür sind die Heizwertbestimmung nach Boie [69] (vgl. Absatz 3.2.1) oder die Flammpunktbestimmung nach Shimy [153]. Diese Methoden weisen einen eingeschränkten Gültigkeitsbereich, z. B. für gewisse Stoffklassen auf, sind vor allem aber relativ ungenau.

Eine in der Chemie bereits weit verbreitete Methode zur Abschätzung thermophysikalischer Kennwerte ist die Gruppenbeitragsmethode basierend auf den Theorien nach Benson [154]. Allein mit der Kenntnis der Molekülstruktur lassen sich einige Kennwerte ermitteln. Grundidee der Gruppenbeitragsmethode ist, dass sich die Eigenschaften eines Moleküls aus den einzelnen Gruppen (Fraktionen) dieses Moleküls beschreiben lassen.

Die Einzelbeiträge der Fraktionen wie beispielsweise durch die Methylgruppe (-CH_3) und die Carboxygruppe (–COOH) usw. können anhand von Tabellenwerten hinterlegt und somit auf beliebige Moleküle durch Addition angewendet werden [73]. Die Joback-Methode [155] ist eine der gebräuchlichsten derartigen Varianten. Eine höhere Genauigkeit wird erzielt, wenn Wechselwirkungen von den einzelnen Gruppen untereinander berücksichtigt werden, wie bei der erweiterten Methode nach Benson [156]. Eine weitere Verbesserung wird erreicht, wenn die Beiträge der einzelnen Fraktionen anhand vieler Daten besser quantifiziert werden können. Auf eine breite Datenbasis stützen sich in diesem Zusammenhang beispielsweise die Dortmunder Datenbank (DDBST) [157] und die „DIPPR 801"-Datenbank [158]. Den Abschätzverfahren im Zusammenhang mit der „DIPPR 801"-Datenbank liegen etwa 200 thermophysikalische Methoden zugrunde [159].

Als Erweiterungen bzw. Alternativen zu der Gruppenbeitragsmethode dienen lineare und nichtlineare Regressionstechniken, evtl. in Kombination mit Neuronalen Netzwerken, um Zusammenhänge zwischen physikalischen und thermodynamischen Größen besser abbilden zu können [160]. Schätzmethoden wie die Quantitative Structure-Property Relationships (QSPR) basieren auf molekularen Kennwerten. Diese werden anhand der Struktur des gesamten, mittels molekularmechanischer oder quantenmechanischer Ansätze bestimmten Moleküls ermittelt [73]. So können quantitative Beziehungen zwischen der Molekülstruktur und deren chemische und physikalische Wirkung hergestellt werden. Die Bezeichnung Quantitative Structure-Activity Relationship (QSAR) schließt zusätzlich die biologische und pharmakologische Wirkung eines Moleküls mit ein.

Unter Berücksichtigung der verschiedenen Schätzmethoden bieten u. a. die genannten Datenbanken bereits ein breites Angebot an ermittelbaren Größen wie die Selbstzündungstemperatur, die Dichte oder die Oberflächenspannung, bzw. toxikologische oder mutagene Kenngrößen, bis hin zu Löslichkeitsparametern.

Ein Vorteil dieser molekülstrukturbasierten Abschätzmethoden ist, dass für eine erste Bewertung des potentiellen Kraftstoffeinsatzes weder eine Prüfapparatur, noch eine reale Kraftstoffprobe erforderlich ist. So sind das mögliche Potential eines neuen Energieträgers und auch dessen Anwendbarkeit bereits im Vorfeld tendenziell abschätzbar.

Ein weiterer positiver Aspekt ist, dass reale Prüfmethoden oft fehlerbehaftet sind, so dass die datenbankbasierten Abschätzmethoden sogar Vorteile bezüglich der Vergleichbarkeit bieten könnten [73]. Ein Beispiel hierfür ist die Selbstzündungstemperatur (AIT). Ein Vergleich aus experimentell ermittelten Daten verschiedener Tabellenwerke untereinander zeigt große

Abweichungen zueinander für den gleichen Stoff. Zwischen den Quellen weichen die AIT-Werte um bis zu 300°C voneinander ab [161].
Im Folgenden werden mögliche Verfahren für ausgewählte Kennzahlen tabellarisch vorgestellt, ein Überblick wird in [73] gegeben.

Abschätzmethoden für thermophysikalische Größen mit Kraftstoffrelevanz		
Größe	**Einheit**	**Beispielhaft abgeschätzt in**
Konstante Größen		
Schmelzpunkt	K	[155]
Siedepunkt*	K	[155]
Flammpunkt*	K	[160]; [162]; [163]; [164]
Entflammbarkeitsgrenzen	vol. % in Luft	[153]; [164]
Selbstzündungstemperatur	K	[93]; [153]; [163]; [164]; [165]
Cetanzahl*	-	[107]; [108]; [110]
Verdampfungsenthalpie	J/mol	[155]; [166]
Standardbildungsenthalpie	J/mol	[155]; [156]; [167]
Rußbildungsneigung (TSI)	-	[123]; [148]
Heizwert	J/mol	[168]
Temperaturabhängige Größen		
Dichte *	mol/m^3	[169]; [170]
Viskosität *	Pa*s	[82]; [155]
Verdampfungsenthalpie	J/mol	[166]
Wärmekapazität (Ideales Gas)	J/(mol*K)	[155]; [156]; [167]
Oberflächenspannung	N/m	[171]
Dampfdruck	Pa	[166]
* Im Rahmen der DIN EN 590 [40] reglementiert		

Tabelle 3-2: Abschätzmethoden für thermophysikalische Größen mit Kraftstoffrelevanz

Fortschritte im Bereich der Sensorik und der Elektronik für die Fahrzeuganwendung könnten Rückschlüsse auf die einzelnen Kraftstoffkomponenten zulassen. Als Beispiel sei das Prinzip der Nahinfrarotspektroskopie angeführt, das prinzipiell die Erkennung einzelner Moleküle bzw. funktioneller Gruppen zulässt und bereits für mobile Anwendungen zur Verfügung steht [172] [173]. Eine Verknüpfung dieser Spektralmessung mit den Prinzipien der Gruppenbeitragsmethodik kann einen großen Beitrag zur Realisierung von zukünftigen Vielstoffanwendungen leisten.

4 Prüfstandsaufbau

4.1 Versuchsträger und Messtechnik

Die Basis für die verschiedenen im Rahmen dieser Arbeit verwendeten Motorenprüflinge bildet der 2,0l 4V TDI der Fa. Volkswagen AG, welcher mit einem Common-Rail-Einspritzsystem ausgestattet ist [174]. Die technischen Daten des Grundmotors sind in der Tabelle 4-1 ersichtlich.

Motor-Bauart	4-Zylinder Reihen-Motor
Hubraum	1.968 cm^3
Bohrung	81 mm
Hub	95,5 mm
Ventile pro Zylinder	4
Geometrisches Verdichtungsverhältnis	16,5:1
Leistung	103 kW
Einspritzsystem	Common Rail
Motormanagement	Bosch EDC 17

Tabelle 4-1 [174]: Technische Daten des Grundmotors

Der Motor verfügt über einen Abgasturbolader mit variabler Turbinengeometrie. Des Weiteren werden im Bereich des Luftmanagements verschiedene Strategien zur Abgasrückführung verfolgt. Es ist sowohl eine Hochdruck- (HD), als auch eine Niederdruck-Abgasrückführung (ND-AGR) installiert, wobei die HD-AGR ungekühlt ausgeführt ist. Die nötige Druckdifferenz zur Rückführung des Abgases über den ND-AGR-Strang kann über eine Abgasdrosselklappe erhöht werden. Diese Abgasdrucksteigerung wurde bei der Auswahl und Einbindung der Abgasmesstechnik berücksichtigt.
Eine Kombination aus Oxidationskatalysator und Dieselpartikelfilter ist motornah positioniert. Zur Regeneration werden über spezielle Einstellungen der Luft- und Einspritzparameter die notwendigen Temperaturen und Raumgeschwindigkeiten zur Rußoxidation erreicht. Eine Abgasnachbehandlung bezüglich der Stickoxidemissionen ist im ausgeführten Prüfstandsaufbau nicht vorhanden.
Die Komponenten für das Common-Rail-Einspritzsystem des Typs CRS3.2 der Fa. Bosch erlauben in der serienmäßigen Konfiguration maximale Kraftstoffeinspritzdrücke von 2000 bar und bis zu sieben Einspritzungen je Arbeitsspiel [174]. Der Piezo-Injektor des Typs CRS3.3 der Fa. Bosch ist mit einer 8-Loch Düse ausgestattet. Die Kraftstoffhochdruckpumpe CP4.1 der Fa. Bosch benötigt, da kraftstoffgeschmiert ausgeführt, einen Vorförderdruck von ca. 5 bar. Des Weiteren ist ein Betrieb in dem speziellen Anwendungsfall auf dem Gebiet der alternativen Kraftstoffe zu gewährleisten. Daher wurden diese Anforderungen bei der Auswahl des medienführenden Kraftstoffsystems und das Einhalten der Sicherheitsanforderungen bei Verwendung von Kraftstoffen entsprechend ihrer Gefahrenklassen und Eigenschaften bei den jeweiligen Prüfstandsaufbauten berücksichtigt.

Es werden verschiedene Versuchsträger im Verlauf dieser Arbeit verwendet, welche sich trotz gleicher Basistriebwerke anhand ihrer technischen Ausführung und der jeweils eingesetzten Messtechnik unterscheiden. Im folgenden Abschnitt wird daher zunächst die Standardmesstechnik erläutert und im Anschluss auf die individuellen Unterschiede der Prüflinge, bzw. der Prüflingsumgebungen zueinander eingegangen.

Allgemein verfügt ein Prüfstand für die Motorenentwicklung nach [175] im Wesentlichen über eine Belastungsmaschine, welche die Leistung der Verbrennungskraftmaschine dissipiert, sowie über eine Einrichtung zur Versorgung des Motors mit Brennstoff, Luft und Elektrizität. Ferner ist für eine geeignete Führung des Luft- bzw. Abgaspfades und eine Kühlung der Medien zu sorgen. Um eine reproduzierbare Messung zu garantieren werden die Temperaturen von Wasser, Öl, Kraftstoff und Luft thermostatisch geregelt. Zu diesem Zweck werden prüfstandsseitige Wärmetauscher verwendet. Die Regelung der Motoröltemperatur erfolgt mit entsprechenden Prozessreglern und Stellgliedern, die Temperaturerfassung mit Thermoelementen.

Standardmesstechnik

Eine Messung der Temperaturen am Prüfstand erfolgt über NiCr-Ni-Thermoelemente des Typs K, welche für einen Temperaturbereich bis 1200°C geeignet sind. Die Messsignale werden dem jeweiligem Prüfstandsautomatisierungssystem zugeführt. Die Bezeichnung statische Druckmessung ist auf die sich nur langsam verändernde Größe zurückzuführen. Bei dieser sind nach [175] Abtastraten kleiner 1 Hz nötig. Als Messaufnehmer dienen Relativ- und Absolutdrucksensoren der Fa. Gems mit einem dem Einsatzzweck angepassten Messbereich. Druck- und Temperaturmessungen erfolgen jeweils vor und hinter einem interessierenden Bauteil, so dass die thermodynamischen Änderungen erfasst und bilanziert werden können. Alle Prüflinge sind mit einer Druckindizierung versehen, deren Druckverlaufsanalyse mit einen institutseigenen Tool durchgeführt wird.

Partikelmesstechnik

Zur Rauchgasmessung, bzw. zur gravimetrischen Rußbestimmung werden an allen Motorprüfständen beheizte Smokemeter 415S der Fa. AVL verwendet. Die Berechnung der emittierten Partikelmasse erfolgt auf Basis der FSN.

Zur genaueren Charakterisierung der Partikelemissionen bezüglich der Partikelgrößenverteilung und der Partikelanzahl (vgl. Abbildung 2-2) dienen optional ein elektrostatischer Klassifizierer 3936 (SMPS) in Kombination mit einem Kondensationspartikelzähler 3025A (CPC), bzw. ein elektrostatischer Klassifizierer (EEPS) des Typs 3090, beide von der Fa. TSI. Letzterer ermöglicht bei einer Aktualisierungsrate von Zehn Hertz eine dynamischere Messwerterfassung gegenüber dem SMPS. Zur Aufbereitung der Abgasprobe wird ein beheizter Dekati Ejektorverdünner eingesetzt, welcher zur Darstellung höherer Verdünnungsverhältnisse auch zweistufig betrieben werden kann. Als alternative Abgasentnahmetechnik steht ein Rotationsverdünner der Fa. TSI zur Verfügung. Für die massenbezogene Auswertung der Partikelemissionen auf Basis der Partikelgrößenverteilung wird eine über dem Mobilitätsdurchmesser konstante Rußdichte von 1,2 g/cm^3 angenommen. Bei Dieselmotoremissionen im Bereich um 50 nm mittleren Mobilitätsdurchmessers ist diese Annahme gerechtfertigt [176].

Im folgenden Abschnitt wird die an den jeweiligen Motoren individuell verwendete Prüfstandsperipherie und installierte Messtechnik erläutert.

4.1.1 Vollmotorprüfstand - Generation 1

Der Motor ist mit vier Ventilen je Zylinder ausgestattet, die von zwei Nockenwellen über Rollenschlepphebel betätigt werden. Dieser wurde um zusätzliche Variabilitäten gegenüber dem in [174] beschriebenen Serienaggregat erweitert. Luftpfadseitig ist hier vor allem eine variable Ventilsteuerung (VVS) über einen Phasensteller in Kombination mit einer Drehung des Ventilsterns zu nennen [177] [178] [179]. Jede Nockenwelle ist jeweils für die Betätigung eines Einlass- und eines Auslassventils zuständig. Die VVS wird durch eine Variabilität am Nockenwellenantrieb erreicht. Eine Verstellung der Ventilsteuerzeiten erfolgt an den im Rahmen dieser Arbeit eingesetzten Prüflingen hydraulisch nach dem Schwenkmotorprinzip (Phasensteller) [3]. Dadurch wird die Phasenlage der Ventilerhebungskurven der variablen Nockenwelle gegenüber jener mit festen Steuerzeiten verändert. Eine detaillierte Funktionsbeschreibung erfolgt in [180] und [181].

Die Anwendung von Phasenstellern im ottomotorischen Bereich ist bereits weit verbreitet. Der Einsatz im Dieselmotor ist wegen des geringen Freigangs zwischen Ventilen und Kolben eine besondere Herausforderung. Aus diesem Grund erfolgten die beschriebenen konstruktiven Änderungen am Zylinderkopf in Kombination mit einer Anpassung der Ventilerhebungskurven, unter Beibehaltung der konventionellen dieselmotorischen Brennraumform mit Kolbenmulde.

Abbildung 4-1 zeigt ein Schema der Ventilerhebungskurven, hier dargestellt ist der Serienstand für EU6 Motoren des neuen Modularen Diesel Baukastens (MDB) von Volkswagen. Das dargestellte Prinzip der Ventiltriebsvariabilität findet auch an dem Versuchsträger im Rahmen dieser Arbeit Anwendung, welcher von der Volkswagen AG bereitgestellt wurde. Es handelt sich hierbei um einen frühen Konzeptbaustand mit abweichenden Steuerzeiten, bzw. Erhebungskurven.

Jeweils ein Einlass- und ein Auslassventil weisen feste Steuerzeiten auf. Die verstellbaren Erhebungskurven können entsprechend ihrer Betätigung durch die variable NW gemeinsam verschoben werden.

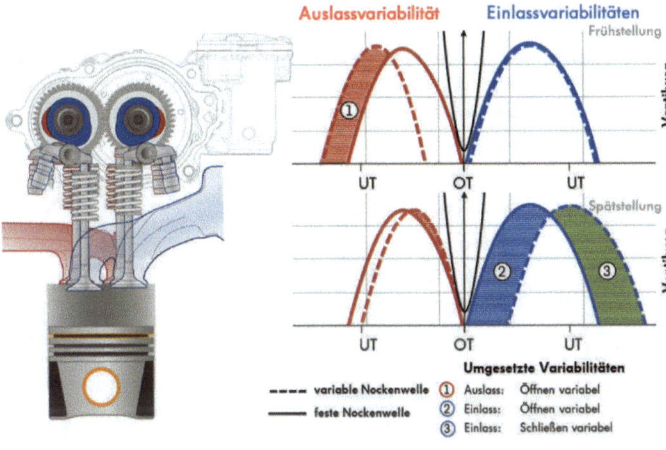

Abbildung 4-1 [181]: Variabilität der Ventilsteuerzeiten

Durch die dargestellte Ventiltriebsstrategie wird trotz der umgesetzten Variabilitäten eine Kolbenkollision vermieden, ohne dass Ventiltaschen im Kolben benötigt werden. Der Verstellbereich der variablen NW beträgt am Versuchsaggregat, welches im Rahmen dieser Arbeit verwendet wird, 45°KW.

Am frühen Motorbaustand sind zur Vermeidung einer Ventilkollision die Öffnungsdauer und der maximale Ventilhub des variablen Auslassventils verringert. Die Überlagerung der beiden Einlasserhebungen bildet bei Verschiebung den späten Einlassschluss (SES) ab und ermöglicht so ein variables effektives Verdichtungsverhältnis.

Bei einer entgegengesetzten Relativverstellung der variablen Nockenwelle ist je nach Auslegung der Ventilerhebungskurven ein variabler Öffnungswinkel des Auslassventils möglich. Zudem werden die Durchflussbeiwerte der Ventile in Bezug zum Kurbelwinkel verändert und somit auch die Ladungsbewegungskennwerte beeinflusst. Vor allem ein verspäteter Öffnungsbeginn des variablen Einlassventils wirkt sich dabei erhöhend auf das resultierende Drallniveau im Brennraum aus [182].
Zusammenfassend werden durch die beschriebene Luftpfadvariabilität die Ladungswechsel- und Brennverfahrensparameter Füllung, Brennraumdrall, effektive Verdichtung und Expansionsdauer über nur ein Stellglied gleichzeitig variiert [181].

Bevor näher auf einzelne Komponenten des Prüfstands oder auf die Messmethoden eingegangen wird, ist aus Abbildung 4-2 der schematische Prüfstandsaufbau ersichtlich. Die rein serienmäßig verwendeten Sensoren der Motorsteuerung sind nicht mit dargestellt.

Luftpfad
Zur Regelung von Druck, Feuchte und Temperatur der Ansaugluft zum Erreichen reproduzierbarer Randbedingungen im Luftpfad wird die Ansaugluftkonditionierung des Typs ACS 1600 FH der Fa. AVL eingesetzt. Die Luftmassenstromerfassung erfolgt prüfstandsseitig mit einem kalibrierten Heißfilm-Luftmassenmesser der Fa. ABB, des Typs FMT700-P (Sensyflow P). Ein Luft/- Wasser-Wärmetauscher der Fa. Valeo dient als Ladeluftkühler. Die Temperaturkonditionierung erfolgt über die Regulierung des Kühlmitteldurchflusses. Als Stellglied hierfür findet ein direktwirkendes 2/2-Wege Proportionalventil des Typs 2836 mit zugehöriger Ansteuerelektronik der Fa. Bürkert Anwendung. Zur Ermittlung des Temperaturistwertes dient ein Thermoelement des Typs K. Zudem ist ein Sauerstoffsensor in Form einer Breitbandlambdasonde im Saugrohr installiert. Die Turboladerdrehzahl wird über Messmittel der Fa. Picoturn induktiv erfasst.

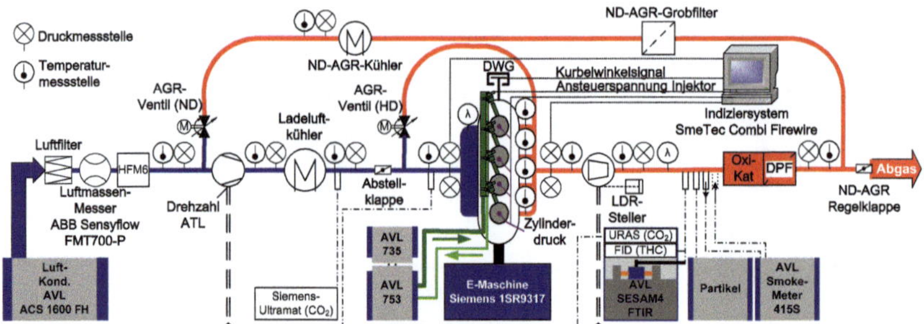

Abbildung 4-2: Schematischer Prüfstandsaufbau Vollmotor 2,0L-CR-TDI US07-Basis

Kraftstoffpfad
Bei der eingesetzten Gerätekombination aus dem AVL Fuel Mass Flow Meter und AVL Fuel Temperature Control (Typ 753C) mit integrierter Heizung handelt es sich um ein hochgenaues und kontinuierliches, auf dem Coriolis-Prinzip beruhendes, Kraftstoffverbrauchsmess- und Konditioniersystem. Dieses ist speziell für die Anwendung mit alternativen Kraftstoffen geeignet, was von der Fa. AVL mit FlexFuel bezeichnet wird.

Automatisierungssystem

Der Prüfstand ist mit einem Automatisierungssystem PAtools der Fa. Kratzer ausgerüstet. Mit diesem werden u. a. die Aufzeichnung der Messgrößen und die Regelung der Belastungsmaschine durchgeführt. Bei dieser handelt es sich um eine Drehstrom-Asynchronmaschine 1SR9317 der Fa. Siemens mit einer Drehmomenterfassung über einen T12-Drehmomentmessflansch der Fa. HBM.

Indiziersystem

Die Erfassung der dem Kurbelwinkel zugeordneten Größen erfolgt durch ein „Combi" Indiziersystem der Fa. SMETec (Combi-IEEE). Die zeitliche Zuordnung der Signale zum Motorprozess erfolgt durch externe Taktung des Indiziersystems über einen Drehwinkelgeber der Fa. SMETec Typ ENC3600. Der Winkelmarkengeber ist auf der Riemenscheibe der Kurbelwelle positioniert.
Der Motorenprüfling ist für den Serieneinsatz mit Zylinderdrucksensoren für die Funktion eines zylinderdruckgeführten Motormanagements ausgestattet. Die piezoresistiven Druckaufnehmer von der Herstellerfirma Beru sind in Form einer Drucksensor-Glühkerze (Pressure Sensor Glow Plug, PSG) integrierbar.
Die Zylinderdruckverlaufsanalyse am vorliegenden Prüfstand erfolgt zugunsten einer verbesserten thermodynamischen Auswertemöglichkeit auf allen vier Zylindern mit piezoelektrischen Kistler-Zylinderdrucksensoren des Typs 6056A. Als Ladungsverstärker dient der Typ 5011B12, ebenfalls von der Fa. Kistler.
Für eine genaue Analyse des Ladungswechsels ist neben einer möglichst genauen Zylinderdruckindizierung in der Ventilöffnungsphase auch eine exakte Erfassung der Druckverläufe im Ein- und Auslasstrakt nötig [183]. Eingesetzt werden piezoresistive Absolutdrucksensoren des Typs 4075A5 mit entsprechenden Verstärkern des Typs 4603 der Fa. Kistler. Der Temperaturempfindlichkeit wird mit dem Einsatz von Kühladaptern begegnet. Zur Erfassung des Ansteuersignals eines CR-Injektors wird ein aktiver Differential-Tastkopf der Fa. Testec des Typs TT-SI 9002 verwendet.

Applikationsumgebung

Die Steuerung der Motorparameter erfolgt über ein Applikationssteuergerät EDC17 CP14 2.1 der Fa. Bosch. Zur parallelen Applikation ist im Steuergerät ein Emulator-Tastkopf verbaut.
Über das Mess- und Applikationssystem INCA der Fa. ETAS wird die Kommunikation mit dem Motorsteuergerät ermöglicht. Somit können Parameter des Steuergerätes, basierend auf vorhandenen Datensätzen, verändert, angepasst sowie als Messwerte angezeigt und erfasst werden. Als Schnittstelle zwischen dem Programm INCA und der EDC17 dient das ETK-Interface des Applikationssystems ES1000 der Fa. ETAS.

Abgaspfad

Zwischen Turbine und dem Abgasnachbehandlungssystem sind Gasentnahmestellen positioniert, die der Rohemissionsmessung dienen.
Verwendet wird zur Verbrennungsgasanalyse ein SESAM4-FTIR der Fa. AVL mit einem separaten Multi-FID zur Bestimmung der Gesamtkohlenwasserstoffemissionen und einem separaten, saugrohrseitig positionierten, CO_2-Analysator des Typs URAS. Das SESAM4 bietet neben der Bestimmung der gasförmigen Emissionen CO, CO_2, HC und NO_x auch die Möglichkeit zur Erfassung von nichtreglementierten Emissionen wie teilweise aufoxidierte unverbrannte Kohlenwasserstoffe.
Da der Motorprüfling sowohl mit einer HD- als auch mit einer ND-AGR-Strecke ausgestattet ist, müssen für eine exakte Zuordnung der Teil-AGR-Raten bei einem Mischbetrieb

einlassseitig zwei CO_2-Entnahmestellen messtechnisch erfasst werden. Neben der CO_2-Entnahmestelle im Saugrohr wurde daher eine weitere Messstelle stromabwärts von der ND-AGR-Zuführung positioniert, an welcher über einen Analysator der Fa. Siemens, Typ Ultramat 6, der CO_2-Anteil bestimmt wird.

4.1.2 Vollmotorprüfstand - Generation 2

Der Prüfling stellt eine Evolutionsstufe des in Absatz 4.1.1 beschriebenen Motors dar. Die Änderungen betreffen den Luft-/ Abgaspfad und die Zylinderkopfkonstruktion. Am Motor selbst wurde die Kanalgeometrie zugunsten eines höheren Durchflusses angepasst und die Ventilerhebungskurven optimiert. Eine Verstellbereichserweiterung der variablen NW erfolgte um 5°KW auf insgesamt 50°KW zugunsten eines früheren Einlass-Schlusses bei Frühanschlag.

Ein weiterer Unterschied ist der Entfall der originalen Ladegruppe, die durch eine Fremdaufladung substituiert wurde, dargestellt in Abbildung 4-3.

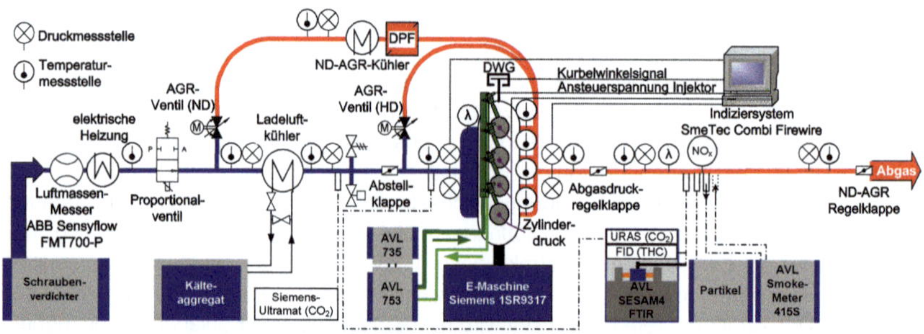

Abbildung 4-3: Schematischer Prüfstandsaufbau 2,0L-CR-TDI US07-Basis mit Fremdaufladung

Zur Ladedruckbereitstellung dient ein externer Schraubenkompressor mit einer elektrischen Antriebsleistung von 80 kW, so dass theoretisch Ladedrücke bis über 8 bar ermöglicht werden können. Der Luftmassenmesser ist druckfest ausgeführt, da in dem druckbeaufschlagten System positioniert. Die Ladegruppe wurde durch eine hochdynamische Aufladestrecke ersetzt. Die Erweiterungen basieren auf den Ausführungen nach [184]. Der Ladedruckaufbau erfolgt über parallel geschaltete Proportionalventile der Fa. Bürkert. Die entfallenen Abgaskomponenten werden durch Abgasdrosselklappen in ihrem Verhalten nachempfunden. Zur Realisierung einer katalytisch behandelten quasi ND-AGR ist ein Partikelfilter in der ND-Rückführungsstrecke positioniert. Die Regelung und Steuerung des Gaspfades erfolgt durch ein DSPACE-System.

Über eine Kombination aus elektrischer Heizung und Ladeluftkühler, welcher optional mit einem Kälteaggregat der Fa. ABB betrieben werden kann, ist ein breiter Versuchsraum bezüglich der thermodynamischen Randbedingungen im Saugrohr abbildbar.

Kraftstoffpfad, Automatisierungssystem, Applikationsumgebung und eingesetzte Abgas-analytik entsprechen den beschriebenen Ausführungen in Absatz 4.1.1. Zur Erfassung der Stickoxidemissionen vor allem in instationären Betriebszuständen wird in Ergänzung zur SESAM4-Abgasanalytik eine NO_x-Sonde Uninox der Fa. Siemens [185] verwendet. Die realisierte Niederdruckindizierung entspricht ebenfalls jener des Vollmotors der ersten Generation. In Hinblick auf die Zylinderdrucksensorik ist nur in einem Zylinder ein piezoelektrischer Kistler-Sensor des Typs 6056A in einem Glühkerzenadapter installiert. Auf den übrigen drei Zylindern bleibt das serienmäßige zylinderdruckbasierte Motormanagement über die Druckmessglühkerzen der Fa. Beru erhalten.

4.1.3 Einzylinderprüfstand - Generation 2

Ein Einzylinderforschungsmotor eignet sich besonders gut zur Untersuchung alternativer Kraftstoffe. Neben dem geringen Kraftstoffbedarf weist dieser einen hohen Freiheitsgrad bei Parametervariationen und eine hohe Reproduzierbarkeit ohne Rückwirkungen anderer Zylinder auf. Der hier verwendete Einzylindermotor basiert auf dem in Absatz 4.1.2 beschriebenen Vierzylinderaggregat mit variabler Ventilsteuerung. Die Ansteuerung des Phasenstellers erfolgt über die Kombination des Applikationssystems INCA mit einer ES590 der Fa. ETAS und einem EDC17-Applikationssteuergerät.
Im Gegensatz zum Vollmotor ist nur ein Zylinder gefeuert ausgeführt. Die drei übrigen Zylinder sind einlassseitig abgedichtet und deren Ventilbetätigung durch den Ausbau der Rollenschlepphebel außer Funktion gesetzt. Der Massenausgleich des Vierzylinderaggregats bleibt so erhalten. Neben dem Verdichtungsverhältnis von 16,5 (Tabelle 4-1) liegt bei Teilen der Versuche ein geometrisches Verdichtungsverhältnis von 15,5 zugrunde, was durch Anpassung der Kolbenmuldengeometrie erreicht wird.

Luft- und Abgaspfad

Die Fremdaufladung erfolgt analog zum Vollmotorprüfstand aus Absatz 4.1.2 durch den Schraubenkompressor und eine Temperaturkonditionierung über eine elektrische Heizung, sowie einen prüfstandsseitigen Wärmetauscher. Zur Ladedruckregelung kommt eine Kombination aus einem Proportionalventil des Typs 2835 und einem Industrieregler des Typs 1150 der Fa. Bürkert zum Einsatz. Die Erfassung des Luftmassenstroms erfolgt über eine Luftuhr der Fa. Aerzen. Das Spülgefälle zur Realisierung der Abgasrückführung (AGR-Ventil der Fa. Pierburg) wird durch eine Abgasklappe der Fa. Pierburg eingestellt. Zur Bestimmung des CO_2-Gehaltes im Saugrohr findet ein Ultramat 6 der Fa. Siemens Anwendung. Die abgasseitige Ermittlung der gasförmigen Emissionen CO, CO_2, HC, NO_x und O_2 erfolgt mit der Analyseeinheit EXSA 1500 der Fa. Horiba. Basierend auf den Erkenntnissen von Spindt [186] erfolgt anhand der emittierten gasförmigen Emissionen eine Lambdaberechnung. Eine direkte Bestimmung erfolgt mit der Gerätekombination aus Breitbandlambdasonde und Lambda-Meter des Typs LA4.2 der Fa. Etas.
An diesem Prüfstand werden zur Bestimmung der Rußemissionen das Smokemeter 415S und das SMPS mit Ejektorverdünnung eingesetzt (vgl. Absatz 4.1).

Indiziersystem

Analog zu dem Vollmotorprüfstand aus Absatz 4.1.2 erfolgt die Erfassung der dem Kurbelwinkel zugeordneten Größen durch ein „Combi“ Indiziersystem der Fa. SMETec (Combi-IEEE). Als Drehwinkelgeber wird der Typ 365C der Fa. AVL genutzt. Die Zylinderdruckerfassung erfolgt mit der Gerätekombination aus dem piezoelektrischem Zylinderdruckgeber 6056A und dem Ladungsverstärker 5011 der Fa. Kistler. Niederdruckseitig sind piezoresistive Absolutdrucksensoren das Typs 4075A5 über Kühladapter montiert. Als Messsignalverstärker fungiert der Typ 4603, ebenfalls von der Fa. Kistler. Zur kombinierten Druck- und Temperaturmessung im Kraftstoffrail wird der piezoresistive Sensor des Typs 4067A3000A2 eingesetzt.
Das Ansteuersignal des Injektors wird über einen aktiven Differential-Tastkopf der Fa. Testec des Typs TT-SI 9002 erfasst.

Kraftstoffpfad

Zur Bestimmung des Kraftstoffmassenstroms dient ein Massflo MASS 2100 DI 1.5 der Fa. Siemens Sitrans, welches auf dem Coriolis-Messprinzip beruht. Analog zum Vollmotorprüfstand findet das Bosch-Einspritzsystem mit Piezo-Injektor des Typs CRS3.2 in Kombination mit der Hochdruckpumpe des Typs CP4.1 Anwendung. Die Hochdruckpumpe wird über einen externen Elektromotor angetrieben. Eine Hochdruckleitung der Fa. Nova Swiss verbindet die HD-Pumpe und das Kraftstoffrail. Der Raildruck wird über ein Druckregelventil und den bereits zur Ladedruckdarstellung erwähnten Industrieregler eingeregelt.
Die Injektoransteuerung erfolgt durch eine programmierbare C167-Motorsteuerung und eine VAPA-Leistungsendstufe der Fa. Vemac.

Automatisierungssystem

Eine Belastungsmaschine der Fa. Siemens ist für die Motordrehzahlregelung zuständig und ermöglicht einen Schleppbetrieb. Zur Messwerterfassung wird das System Instrunet der Fa. GW Instruments genutzt. Als Rekorder und Überwachungssystem dient DASYLab der Fa. National Instruments.

4.1.4 Vollmotorprüfstand - Basisvariante (EURO V)

Dynamische Versuche zum Verhalten der alternativen Kraftstoffe werden an einem Serienaggregat der Volkswagen AG der Emissionseinstufung EURO V durchgeführt. Hierbei handelt es sich um einen Vierzylinder TDI-Motor ohne Applikationsmöglichkeit [187] und ohne Ventiltriebsvariabilität. Als Automatisierungssystem dient das Produkt PUMA der Fa. AVL. Eine hochdynamische Belastungsmaschine der Fa. AVL (Elin EB 6) wird zur Drehzahlregelung eingesetzt.
Als Abgasvolumenstrom-Messgerät dient das FLOWSIC150 CARFLOW der Fa. Sick. Die abgasseitige Ermittlung der gasförmigen Emissionen CO, CO_2, HC, NO_x und O_2 erfolgt mit der Analyseeinheit MEXA-1600 DEGR der Fa. Horiba. Nach Brettschneider erfolgt anhand der emittierten gasförmigen Emissionen eine Lambdaberechnung. Des Weiteren bietet ein zweites NDIR-Messgerät die Möglichkeit zur Bestimmung des CO_2-Gehaltes im Saugrohr und damit zur AGR-Ratenbestimmung.

Die dynamische Erfassung der Stickoxidemissionen wird durch eine NO_x-Sonde Uninox der Fa. Siemens [185] ermöglicht. Zur instationären Erfassung der Partikelemissionen steht ein EEPS mit entsprechender Verdünnungseinheit (vgl. Absatz 4.1) zur Verfügung. Die stationäre PM-Bestimmung erfolgt mit einem Smokemeter des Typs 415S der Fa. AVL. Eine direkte Bestimmung findet mit der Gerätekombination aus Breitbandlambdasonde und Lambda-Meter des Typs LA4.2 der Fa. Etas statt.

Kraftstoffkonditionierung und Durchflussmessung

Die Erfassung des Kraftstoffmassenstromes erfolgt mit dem Coriolis-Durchflussmesser der Fa. Siemens Sitrans, Typ Massflo Mass2100 DI 1.5. Coriolis-Durchflussmesser messen den Massenstrom direkt und sind unabhängig von einer Änderung der Flüssigkeitsdichte, dem Druck, der Viskosität und der Temperatur. Der Messbereich erstreckt sich von 0 bis 65 kg/h. Dieses Prinzip ermöglicht eine zusätzliche Information bezüglich Dichte und Temperatur.

5 Experimenteller Teil

Im Rahmen dieser Arbeit wird das Potential alternativer Energieträger an einem modernen Pkw-Dieselmotor untersucht. Zunächst erfolgt eine Kraftstoffauswahl, bzw. deren Beschreibung. Mit diesen werden in einem ersten Schritt Untersuchungen zum grundsätzlichen Verbrennungsverhalten an ausgewählten Betriebspunkten durchgeführt. Darauf basierend findet eine Variationsparameterausweitung auf diverse motorische Stellgrößen statt.
Grundsätzlich soll so geklärt werden, welche Kraftstoffeinflussparameter für Brennverfahren und Schadstoffbildung relevant sind und welche motorischen Maßnahmen in Kombination geeignet sind, den Kraftstoffumsatz so effizient und schadstoffemissionsarm wie möglich zu gestalten. Werden Kraftstoffeigenschaften und die innermotorischen Emissionsminderungsmaßnahmen aufeinander abgestimmt, sind optimale Ergebnisse zu erwarten.

5.1 Ausgewählte Kraftstoffe

Die Kraftstoffauswahl basiert auf dem Kapitel zur Beschreibung der Kraftstoffeigenschaften (Absatz 3). Im folgenden Abschnitt werden die ausgewählten chemischen Energieträger diskutiert. Um eine potentielle dieselmotorische Anwendung auch in der bestehenden Fahrzeugflotte zu gewährleisten, schränkt sich der Parameterraum entsprechend ein. Somit fokussiert sich die Auswahl auf bei Einsatzbedingungen flüssige Kraftstoffe mit einem Siedebereich ähnlich zu Dieselkraftstoff. Des Weiteren müssen sicherheitstechnische und anwendungskritische Bedingungen erfüllt werden.
Die verwendeten Kraftstoffe sind in Tabelle 5-1, sowie in Tabelle 5-2 ersichtlich. In Abbildung 5-1 ist das Siedeverhalten ausgewählter Kraftstoffe dargestellt. Erkennbar ist ein breiter Bereich bis zu maximalen Temperaturen von 360°C entsprechend der Norm EN 590. Der minimal einzuhaltende Flammpunkt für Dieselkraftstoff wird jedoch von einigen Komponenten unterschritten, welche so teilweise nicht normkonform sind.
Die Siedepunkte der Einstoffkomponenten entstammen aus Tabellenwerken oder entsprechen Herstellerangaben. Die Siedekurve für RME wurde mit dem Prüfverfahren ASTM D 1160 in [188] ermittelt und für diese Arbeit übernommen. Die übrigen Siedeverläufe entstammen aus den jeweiligen Analysezertifikaten nach DIN EN 3405.
Bei n-Heptan und n-Tetradecan, dem Ottokraftstoff E5, bzw. dem Dieselkraftstoff B10 handelt es sich um Vergleichskraftstoffe zur Beurteilung des dieselmotorischen Zünd- bzw. Verdampfungsverhaltens, welche jedoch nicht in den motorischen Untersuchungen angewendet werden. Diese Stoffe, sowie Kerosin und der CCS-Kraftstoff werden auch nicht motorisch untersucht, dienen in der Abbildung 5-1 ebenfalls zu Vergleichszwecken. Von Naphtha standen nur geringe Mengen zur Verfügung, so dass keine Ergebnisse in der sich anschließenden Diskussion vorkommen. Alle übrigen Komponenten werden im Rahmen dieser Arbeit als Reinstoff bzw. als Zumischkomponente untersucht. Die Zündwilligkeit der Kraftstoffmischungen wird durch die Blendcetanzahl ausgedrückt, welche vereinfacht aus den Cetanzahlen der Einzelkomponenten in Abhängigkeit der Mischungsanteile ermittelt wurde.
Alle Versuche werden mit dem Dieselkraftstoff nach CEC-RF-06-03 verglichen. Dieser Referenzkraftstoff zeichnet sich durch seine in Bezug auf die Norm EN 590 engeren Spezifikationsgrenzen aus, ist frei von FAME und wird von der Fa. Haltermann bezogen. Ebenfalls schwefelarm und frei von molekular eingebundenem Sauerstoff, jedoch aromatenreduziert, der Polyaromatenanteil liegt bei unter einem Massenprozent, ist der schwedische Klasse 1 Dieselkraftstoff (SWC1) gemäß SS155435. Er zeichnet sich zudem durch die abgesenkte Siedelage (Abbildung 5-1) und eine erhöhte Zündwilligkeit aus. Ein im

Weltmarkt (USA) gebräuchlicher Kraftstoff mit erhöhtem Aromatenanteil von über 40%m, wobei es sich bei über 35 Massenprozent um Monoaromomaten handelt und stark reduzierter Zündwilligkeit (CZ≈40), stellt der US Worst Case (USWC) Kraftstoff dar. Dessen Siedekurve verläuft jedoch unterhalb von Referenzdiesel und den rein paraffinischen Kraftstoffen HVO und GtL. Der aus Erdgas hergestellte GtL könnte auch aus nachwachsenden Rohstoffen zu BtL synthetisiert werden, die Eigenschaften des Produktes sind vergleichbar. Die längerkettigen n-Paraffine zeichnen sich zudem durch eine hohe Zündwilligkeit und einen relativ hohen gravimetrischen Heizwert, bei jedoch reduzierter Dichte aus. Das inhärente Ruß- und Kohlendioxidbildungspotential ist in Bezug auf Referenzdiesel und vor allem USWC geringer, ausgedrückt durch die Parameter molares Wasserstoff- zu Kohlenstoffverhältnis (vgl. Absatz 3.2.9), bzw. die energiebezogene CO_2-Produktion (Absatz 3.2.10). Der im Rahmen dieser Arbeit untersuchte Cetanzahlbereich wird somit durch den USWC und die n-paraffinischen Kraftstoffe über einen Bereich von CZ≈40 bis zu einer Cetanzahl von CZ≈80 aufgespannt. Gezielt auf das untere Ende dieser Zündwilligkeitsspanne hin, wurde dem CEC-Referenzkraftstoff ein Anteil von 32 Volumenprozenten alkoholfreier Superbenzinkraftstoff zugefügt ($CEC/O_{(68/32)}$). Hierdurch wird dessen Siedebereich zu geringeren Temperaturen verschoben. Die gezielte Zumischung von ottomotorischem Kraftstoff könnte potentiell auch dieselmotorisch angewendet werden, was aus Gründen der Koppelproduktion von Raffinerietreibstoff und den damit einhergehenden Konflikt einer potentiellen Benzin-Überproduktion gegenüber dem sich verknappenden Dieselkraftstoff, entschärfen könnte.

Biodiesel als etablierte Zumischkomponente wurde gegenüber den derzeitig realisierten Beimischungsquoten auf einen volumetrischen Anteil von 56 Volumenprozenten erhöht ($CEC/RME_{(44/56)}$). Wie in Absatz 3.1.2 beschrieben, vergrößert sich damit besonders der verdampfende Anteil des Siedeendes. Rapsölmethylester zeigt eine erhöhte energiespezifische Kohlenstoffdioxidbildung. Dichte, Cetanzahl und Sauerstoffanteil liegen gegenüber CEC auf höherem Niveau. Auf Grund des Sauerstoffanteils ist der stöchiometrische Luftbedarf verringert, das effektive molare Verhältnis von Wasserstoff zu Kohlenstoff erhöht. Ein Sauerstoffmassenanteil von 6,2%m bildet die Zielgröße bei der Auswahl der Mischungsanteile des Blends $CEC/RME_{(44/56)}$. Der Sauerstoffmassenanteil, bzw. die molaren Molekülverhältnisse sollen hinsichtlich ihres Rußminderungspotentials bewertet werden (vgl. Absatz 3.2.9).
Biodiesel (FAME) ist entsprechend der Ausführungen in [4] als Lösungsvermittler zwischen dem unpolaren Dieselkraftstoff und dem polaren Ethanol geeignet. Es bildet sich eine stabile Mikroemulsion zwischen dem Dieselkraftstoff, RME und Ethanol aus (vgl. Absatz 3.1.3). Mit volumetrischen Beimischungsquoten zwischen RME und Ethanol zu gleichen Teilen werden Dieselblends mit 15%V-, bzw. 30%V-Anteil an erneuerbaren Energieträgern erzeugt, welche die derzeitigen Beimischungsquoten von max. 10%V übersteigen. Neben einer erhöhten Zumischbarkeit des Ethanols, der damit verbundenen Anhebung des Sauerstoffmassenanteils und des H/C-Verhältnisses, kompensieren sich tendenziell die Dichten der Zumischkomponenten. Der Siedebeginn verschiebt sich zu niedrigen Temperaturen und verletzt so die bestehende Norm EN 590. Ausgewählte Kennwerte dieser und weiterer Sauerstoffblends, sowie die Struktur der Sauerstoffträger, sind in Tabelle 5-2 aufgeführt.

Parameter		Referenz CEC-RF0603	Schwedischer Klasse 1-Dieselkraftstoff	Worst case US Dieselkraftstoff	Synthetischer Dieselkraftstoff	Hydrotreated Vegetable Oil	CEC + Benzin	Biodiesel	CEC und RME
Abkürzung		CEC	SWC1	USWC	GtL	HVO	CEC/O(68/32)	RME	CEC/RME(44/56)
Cetanzahl	-	52.9	53.2	40.1	80.2	80.0	40.0	54.0	53.5
Dichte bei 15°C	kg/m³	833.6	815.2	853.8	786.5	780.5	806.1	870.0	854.0
unterer Heizwert H_U	MJ/kg	43.2	42.9	42.8	44.0	43.9	43.1	37.1	39.7
vol. Heizwert	MJ/l	36.0	35.0	36.5	34.7	34.2	34.8	32.3	33.9
energiespez. CO_2 Prod.	g/MJ	73.3	73.3	74.6	70.4	70.8	73.3	76.0	74.7
H/C-Verhältnis	mol/mol	1.88	1.99	1.74	2.10	2.15	1.87	1.87	1.88
H/C-Verhältnis (effektiv)	mol/mol	1.88	1.99	1.75	2.10	2.15	1.89	2.10	2.00
Luftbedarf L_{St}	-	14.57	14.71	14.31	14.82	14.95	14.50	12.50	13.39
O/C-Verhältnis	mol/mol	0.000	0.000	0.002	0.002	0.000	0.002	0.106	0.058
C-Anteil	% m/m	86.4	85.8	87.1	84.8	84.7	86.2	77.0	81.0
H-Anteil	% m/m	13.6	14.3	12.7	14.9	15.3	13.5	12.1	12.8
O-Anteil	% m/m	0.0	0.0	0.2	0.2	0.0	0.3	10.9	**6.2**

( ) volumetrische Mischungsanteile

Tabelle 5-1: Ausgewählte Parameter der verwendeten Kraftstoffe (Teil 1)

Struktur der anteiligen Blend-komponente (BK)

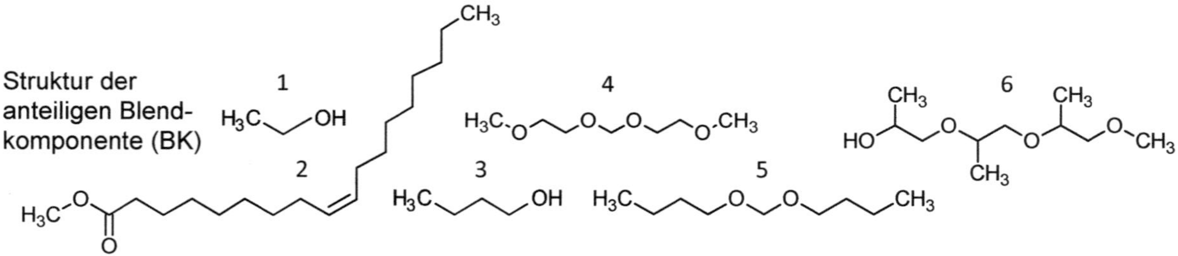

Parameter		CEC+RME und Ethanol		CEC+Butanol		CEC und 2.5.7.10-tetraoxaundecane	CEC bzw. HVO und Butylal		CEC bzw. HVO und Tripropylenglycol-monomethylether		
Struktur der anteiligen Blendkomponente (BK)		Nr.1: Ethanol Nr.2 Ölsäuremethylester*		Nr.3: Butanol		Nr.4: TOU	Nr.5: BTY		Nr.6: TPM		
BK: CAS-Nr.; (Formel)		64-17-5; (C_2H_6O)		71-36-3; ($C_4H_{10}O$)		4431-83-8; ($C_7H_{16}O_4$)	2568-90-3; ($C_9H_{20}O_2$)		20324-33-8; ($C_{10}H_{22}O_4$)		
Abkürzung		CEC/RME/Eth (85/7.5/7.5)	CEC/RME/Eth (70/15/15)	CEC/B (85/15)	CEC/B (70/30)	CEC/TOU (86.25/13.75)	CEC/BTY (69/31)	HVO/BTY (70.5/29.5)	CEC/TPM (82.25/17.75)	CEC/TPM (77.4/22.6)	HVO/TPM (83.2/16.8)
Cetanzahl	-	49.77	46.63	47.67	42.43	61.44	59.44	78.23	54.69	55.18	77.14
Dichte bei 15°C	kg/m^3	833.06	832.52	830.06	826.52	855.39	835.58	798.05	857.10	863.52	811.66
unterer Heizwert H_U	MJ/kg	41.55	39.91	41.72	40.23	40.17	40.64	41.11	40.16	39.36	40.69
vol. Heizwert	MJ/l	34.62	33.22	34.63	33.25	34.36	33.96	32.81	34.42	33.99	33.02
CO_2 Prod. (energ.)	g/MJ	73.35	73.45	73.10	72.94	73.67	72.54	70.73	73.67	73.79	71.52
H/C-Verhältnis	mol/mol	1.93	1.98	1.96	2.05	1.92	1.97	2.17	1.93	1.95	2.16
H/C-Verh. (effektiv)	mol/mol	2.21	2.53	2.10	2.32	2.36	2.18	2.36	2.20	2.29	2.41
Luftbedarf L_{St}	-	14.00	13.44	14.09	13.62	13.45	13.51	13.78	13.45	13.16	13.76
O/C-Verhältnis	mol/mol	0.030	0.063	0.028	0.058	0.058	0.058	0.059	0.058	0.074	0.059
C-Anteil	% m/m	83.2	80.0	83.2	80.1	80.8	80.5	79.3	80.7	79.2	79.4
H-Anteil	% m/m	13.5	13.3	13.7	13.7	13.0	13.3	14.5	13.1	12.9	14.4
O-Anteil	% m/m	3.3	6.7	3.1	**6.2**	**6.2**	**6.2**	**6.2**	**6.2**	7.8	**6.2**

( ) volumetrische Mischungsanteile; *RME besteht u.a. aus Ölsäuremethylester

Tabelle 5-2: Ausgewählte Parameter der verwendeten Kraftstoffe (Teil 2)

Andere vielversprechende Kandidaten wie die Polyether Diethylenglycol oder Methoxy(methoxymethoxy)methan, die sich durch ein besonders hohes potentielles inhärentes Rußminderungspotential auszeichnen, ausgedrückt durch das hohe effektive molare H/C_{Eff}-Verhältnis von 10 (vgl. Abbildung 3-10), standen für die Untersuchungen nicht zur Verfügung.

Analog zu den Dreikomponentenmischkraftstoffen aus Diesel, RME und Ethanol erfolgt die Zumischung von Butanol (n-Butanol) auch mit Volumenanteilen von 15% und 30%. Auf Grund der Kettenlänge ist Butanol gut mit CEC mischbar und weist eine erhöhte Zündwilligkeit gegenüber Ethanol, jedoch eine geringere verglichen mit CEC auf. Die inhärente CO_2-Bildungsneigung wird durch Butanol in Bezug auf CEC gemindert, der Sauerstoffanteil erhöht. Bei der Mischungsquote von 30 Volumenprozenten entspricht der Sauerstoffmassenanteil dem des $CEC/RME_{(44/56)}$. Für einen identischen massenbezogenen Sauerstoffanteil (6,2%) wird bei der Zugabe von Butylal (BTY), einem Ether, zu CEC oder HVO ebenfalls etwa 30 Volumenprozent benötigt. CZ=74 für den Reinstoff Butylal, bezogen von der Fa. Lambiotte, liegt auf einem hohen Niveau. Auch die Ether 2,5,7,10-Tetraoxaundecane (TOU), hergestellt durch die Fa. Lambiotte, und Tripropylenglycol-monomethylether (TPM), geliefert durch die Fa. CG-Chemikalien, weisen in Reinform hohe Zündwilligkeiten bei relativ hohen Dichten auf. In Bezug auf den volumetrischen Heizwert wirkt dies kompensierend auf den, auf Grund des Sauerstoffanteils, reduzierten gravimetrischen Heizwert. Beimischungsquoten zur Realisierung des Sauerstoff-massenanteils von 6,2 Prozent liegen bei unter 20 Prozent. Die hohe Dichte der ausgewählten Ether begrenzt die maximale Beimischungsquote bei normgerechter Anwendung. In Kombination mit den rein paraffinischen Kraftstoffen kompensieren sich tendenziell die Dichteabweichungen. Die Siedepunkte der verschiedenen Ether liegen im reglementierten Bereich der EN 590 (Abbildung 5-1). Eine vorliegende großtechnische Anwendung der genannten Ether z. B. von TPM in Reinigungsmitteln zeigt die unbedenkliche Anwendbarkeit, zudem wurde in den Studien von [5] und [189] speziell die grundsätzliche Tauglichkeit im Dieselmotor bestätigt.
Auf Verträglichkeit mit kraftstoffführenden Teilen wurde vor den Motorversuchen geprüft. Allein TOU ist kritisch hinsichtlich der verwendeten Dichtungsmaterialien bei höheren Mischungsanteilen.

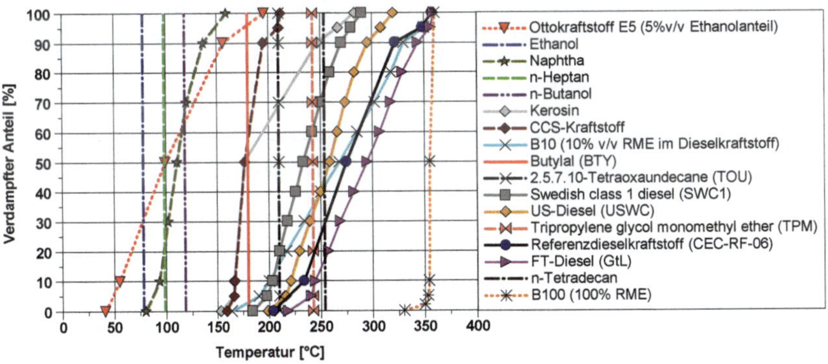

Abbildung 5-1: Siedeverhalten der ausgewählten Kraftstoffe

Die sauerstoffhaltigen Energieträger sind allesamt potentiell auf Basis nachwachsender Rohstoffe herstellbar und weisen daher in Abhängigkeit von der Herstellungsroute ein hohes Treibhausgasminderungspotential auf (Absatz 3.1).
Durch die Formulierung der Blends wird ein kraftstoffseitiger Parameterraum vor allem in Hinblick auf das Siede- und Zünd- sowie das inhärente Rußminderungsverhalten aufgespannt.

5.2 Versuchsdurchführung

Ziel dieser Arbeit ist zunächst, das motorische Potential der verschiedenen Kraftstoffe zu bewerten. Vor allem die Entschärfung des Ruß-NO_x-Tradeoffs ist im dieselmotorischen Zusammenhang von besonderer Bedeutung. Mit Ausnahme von TOU wurden die Oxykraftstoffe aus Absatz 5.1 bereits in Hinblick auf deren Rußminderung motorisch erfolgreich getestet (Absatz 3.2.9). Die Rußminderung ist zum einen abhängig von der inhärenten Rußbildungsneigung eines Kraftstoffes und zum anderen von dem Brennverhalten, bzw. der Brennverlaufsführung. Ein weiterer wichtiger Faktor ist daher der Prüfling selbst, bzw. die Auswirkung der zur Verfügung stehenden motorischen Einflussgrößen, auch in Kombination mit dem Parameter Kraftstoff. Daher sollen anhand von experimentellen Prüfstandsuntersuchungen zunächst die Zünd- und Brenneigenschaften der Kraftstoffe untereinander verglichen werden. Hierbei wird genauer auf die Auswirkungen von Kraftstoffkompositionen auf den motorischen Wirkungsgrad und die schädlichen Emissionen eingegangen, so dass eine Abschätzung der Verträglichkeit bei Verwendung von Kraftstoffblends ermöglicht wird. Des Weiteren soll der Brennstoffeinfluss auf konventionelle und alternative Dieselbrennverfahren betrachtet werden. Mit Hilfe dieser Erkenntnisse ist die Entwicklung bzw. Abstimmung neuer Brennverfahren potentiell erweiterbar. Ziel ist die Definition optimaler Kraftstoffe in Abhängigkeit der Brennverlaufsführung anhand geeigneter Kennwerte. Zudem soll eine Trennung des Kraftstoffeinflusses auf den Verbrennungsverlauf und die direkte Schadstoffbildung aus der Kraftstoffformulierung stattfinden. Besonders auf die Bewertung des Rußminderungspotenzials und die Auswirkungen auf die Partikelgrößenverteilung durch Beimischung der ausgewählten chemischen Energieträger auf Basis der Ausführungen in Absatz 3.2.9 wird genauer eingegangen.
Die Erkenntnisse aus dieser Arbeit sollen der Auswahl „neuartiger" Kraftstoffe dienen, die speziell für den Einsatz in modernen und zukünftigen Motoren Anwendung finden könnten.
Mit der genauen Kenntnis der sich unterscheidenden Brenneigenschaften kann das zylinderdruckgeführte Motormanagement (ZMM) eventuell um die Funktionalität „Kraftstoffsensor" erweitert werden und zukünftig unter Einbeziehung der motorischen Stellparameter einen Vielstoffmotor ermöglichen.

Teile der Versuchsreihen werden an stellvertretenden Betriebspunkten durchgeführt, welche in dem relevanten Kennfeldbereich für die verschiedenen Abgastests (NEFZ, FTP 75) liegen (Abbildung 5-2).

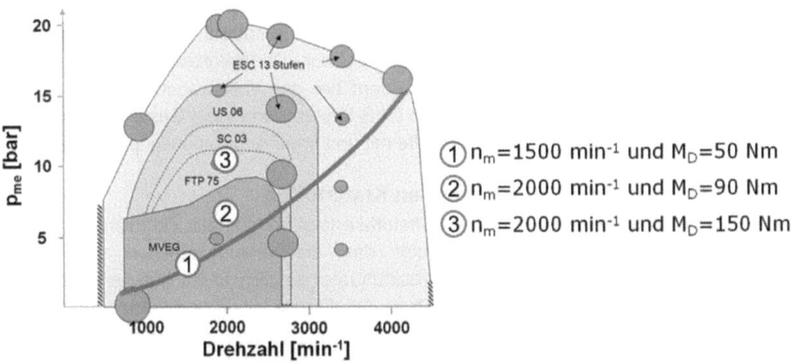

Abbildung 5-2: Lage der zu untersuchenden Stationärbetriebspunkte im Motorkennfeld

Die Betriebsparameter entsprechen bei Variationsbeginn denen der Basisapplikation. Variiert werden die Parameter Phasenlage, also u. a. die Kurbelstellung des Einlass-Schlusses, die Luftmasse, die Abgasrückführrate, die Ansaugtemperatur und der Raildruck.

Standardtemperatur nach Ladeluftkühler ist 40°C. Das Druckgefälle für die Darstellung maximaler AGR-Raten wird durch Abgasklappen generiert. Ferner werden die Betriebspunkte aus Gründen der besseren Vergleichbarkeit des Kraftstoffeinflusses ohne Piloteinspritzung, also mit einer Haupteinspritzung (Blockeinspritzung) gefahren. Hierbei erfolgt eine Anpassung des Einspritzbeginns, wenn eine konstante Schwerpunktlage des integralen Heizverlaufs (HV50%) erreicht werden soll.

Der Betriebspunkt 1 (BP1) ist hauptsächlich kritisch in Bezug auf die unverbrannten Schadstoffemissionen, insbesondere bei niedrigen Temperaturen des Abgasnachbehandlungssystems und den daraus resultierenden geringen Konvertierungsraten. Der BP2 wird oft in den verschiedenen Testzyklen durchschritten und stellt somit einen wichtigen Optimierungspunkt bezüglich aller Zielgrößen dar. Ebenfalls bei einer Drehzahl von 2000 min^{-1}, jedoch entsprechend des FTP 75 erhöhten Motorlast ist der BP3 vor allem in Hinblick auf die PM-NO_X-Schere und den spezifischen Verbrauch zu optimieren.

Am Einzylinderprüfstand liegt der Hauptfokus auf dem BP2. Im Gegensatz zu dem konstanten Drehmoment des Vollmotors wird eine konstante Energiemenge entsprechend 20 mg Referenzkraftstoff (CEC) pro Arbeitsspiel durch Anpassen der Einspritzdauer in den Zylinder eingebracht. Energieäquivalent ergeben sich die Einspritzmengen der alternativen Kraftstoffe. Neben der Beeinflussung des effektiven Verdichtungsverhältnisses über das variable Einlass-Schließen findet bei einigen Versuchen eine geometrische Verdichtungsabsenkung über die Kolbenmuldenform statt. Die Untersuchungen fokussieren sich hauptsächlich auf das unterschiedliche Brennverhalten der alternativen Kraftstoffe, ohne Rück- bzw. Wechselwirkung anderer Zylinder. Zudem erfolgen Messungen zur Partikelgrößenverteilung mit dem SMPS (Absatz 4.1.3). Da nicht an Restriktionen wie beispielsweise die Auslegung des Aufladeaggregates im Zusammenspiel mit dem variablen Ventiltrieb und dem Motorschluckverhalten gebunden, sind am Einzylinderprüfstand erweiterte Brennverfahrensbereiche erschließbar.

Ausschließlich der Parameter Kraftstoff wird am EU5-Vollmotorprüfstand variiert (Absatz 4.1.4). Es erfolgen neben der Vermessung von stationären Betriebspunkten auch Zyklentests (NEFZ) also Versuche zum dynamischen Emissionsminderungspotential der alternativen Energieträger. Eine Anpassung der Grundapplikation des Aggregates erfolgt nicht. Diese Versuche stehen stellvertretend für den Einsatz eines derartigen neuen Energieträgers in der bestehenden Fahrzeugflotte. Zusätzlich werden dynamische Messungen zum PM-NO_X-Tradeoff und speziell zur Partikelgrößenverteilung (EEPS) verwirklicht. Am gleichen Aggregat finden zudem bei der Volkswagen AG in Wolfsburg dynamische Messungen (Rollenprüfstand mit CVS-System) an einem Gesamtfahrzeug (Golf VI) unter Verwendung ausgewählter Kraftstoffe mit und ohne Applikationsanpassung statt.

5.3 Brennverhalten von alternativen Kraftstoffen

Die Bewertung des Brennverhaltens der Kraftstoffe erfolgt anhand des Zündverzugs und des Durchbrennverhaltens. Abbildung 5-3 zeigt das Zündverzugsverhalten ausgewählter Kraftstoffe bei einer Variation der Abgasrückführrate an den verschiedenen stationären Betriebspunkten aus Abbildung 5-2. Je nach Kraftstoffkomposition und thermodynamischen Randbedingungen können unterschiedliche Verbrennungsverhalten beobachtet werden. Prüfling ist der Vollmotor (BIN5-Basis) beschrieben in Absatz 4.1.1.

Es handelt sich um eine reine ND-AGR am BP2 sowie BP3 und eine Hybrid-AGR am BP1 mit gesteuertem HD-AGR-Anteil. Die HD-AGR dient zur Erweiterung des AGR-Bereiches. Entsprechend des Schluckverhaltens bei konstantem Ladedruck bedeutet eine reduzierte Luftmassenanforderung eine erhöhte Abgasrückführrate. Einer Verschiebung der Schwerpunktlage der Energieumsetzung wird mit einer Anpassung des Einspritzbeginns begegnet. Weitere motorische Stellgrößen verbleiben konstant.

Der Zündverzug setzt sich aus der Differenz der Kurbelwinkellagen von Einspritzbeginn und der 5%-Lage des integralen Heizverlaufs (HV5%) zusammen. Die Heizverlaufs- werden den Brennverlaufslagen, welche zwar durch die Berücksichtigung von Wärmeverlusten eine höhere Genauigkeit aufweisen, jedoch einer nachgeschalteten Brennverlaufsauswertung bedürfen, vorgezogen, um eine zyklengetreue Regelungsstrategie in Bezug auf den Parameter Kraftstoff im Rahmen des zylinderdruckgeführten Motormanagements zu ermöglichen. Der Schwerpunkt des integralen Heizverlaufs (HV50%) beträgt bei den Variationen in Abbildung 5-3 konstant 12,5°KW n. ZOT.

Alle Kraftstoffe reagieren gleichartig auf die Erhöhung des Inertgasanteils mit einem Ansteigen des Zündverzugs hin zu verringerten Luftverhältnissen, also reduziertem Sauerstoffangebot. Die Standardkraftstoffe ordnen sich bei Betrachtung konstanter Lambdawerte gegenüber dem CEC-Referenzkraftstoff tendenziell entsprechend ihrer Cetanzahleinstufung an. Da die Cetanzahlen der einzelnen Kraftstoffe an unterschiedlichen Testgeräten ermittelt wurden, ist die eingeschränkte Vergleichbarkeit (vgl. Absatz 3.2.7) bei der Cetanzahleinstufung zu berücksichtigen.

Der GtL-Kraftstoff weist analog zur höchsten gemessenen Cetanzahl die kürzeste Zündverzugszeit auf. Maximale Zündverzüge unter den sauerstofffreien Kraftstoffen können bei USWC beobachtet werden. Obwohl die errechnete Blendcetanzahl des Diesel-Ottokraftstoffgemisches vergleichbar ist, sind die gemessenen Zündverzüge gegenüber USWC reduziert. Neben einer ungenauen Bestimmung auf Basis der Oktanzahl der Ottokraftstoffzumischkomponente kann dies durch die niedrigere Siedelage (Abbildung 5-1) begründet werden, da von einer Verkürzung des physikalischen Zündverzuges durch eine verbesserte Gemischaufbereitung auszugehen ist.

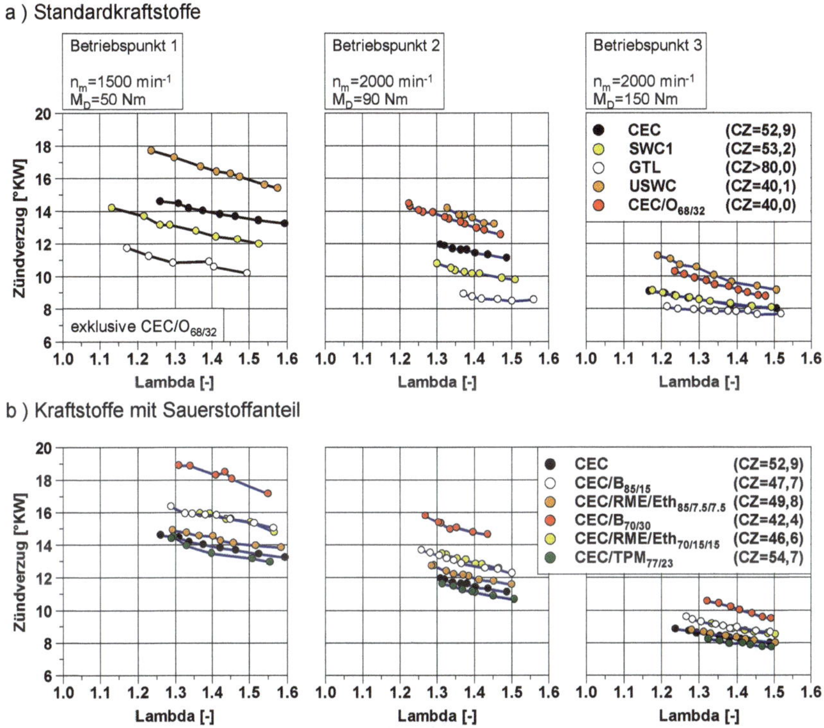

Abbildung 5-3: Zündverzugsverhalten verschiedener Kraftstoffe (Blockeinspritzung)

Ebenso verhält es sich bei SWC1, der verbesserte Verdampfungseigenschaften mit einer gegenüber CEC leicht erhöhten Cetanzahl kombiniert und gerade bei niedrigen Motorlasten verkürzte Zündverzüge aufweist.

Das Zündverhalten der Kraftstoffe mit gebundenem Sauerstoff ist in der Abbildung 5-3 b) ersichtlich. Deren Blendcetanzahlen, aus den Cetanzahlen der Einzelkomponenten berechnet, entsprechen in ihrem qualitativen Verhalten gegenüber CEC den Standardkraftstoffen. Quantitativ ergeben sich jedoch Unterschiede, so dass der Blend mit einem Volumenanteil von 30% Butanol die höchste Zündverzugssteigerung aller betrachteten Kraftstoffe aufweist, obwohl die Blendcetanzahl (CZ=42,4) über jener des USWC (CZ=40,1) liegt.

Bei ansteigender Motorlast nehmen die Zündverzugszeiten aufgrund der verbesserten Gemischbildungs- und Zündbedingungen ab. Die Reihenfolge der Kraftstoffe zueinander bleibt jedoch erhalten.

Vor allem das unterschiedliche Zündverhalten wirkt sich auch auf den weiteren Brennverlauf der Kraftstoffe aus. Abbildung 5-4 zeigt kurbelwinkelaufgelöst die charakteristischen Indiziergrößen Druck, Brennverlauf und den Summenbrennverlauf am BP2. Bei konstantem Lambda ist das Brennverhalten der quasi sauerstofffreien Kraftstoffe CEC, GtL, USWC und CEC/$O_{68/32}$ dargestellt.

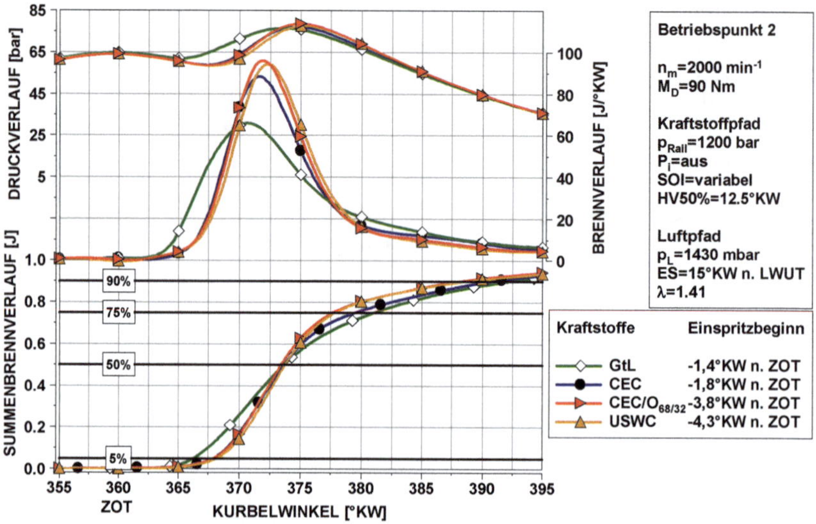

Abbildung 5-4: Brennverhalten ausgewählter Standardkraftstoffe

Über eine Anpassung des Einspritzbeginns (SOI) der Blockeinspritzung wird eine konstante 50%-Lage des integralen Heizverlaufs für alle Kraftstoffe eingeregelt. Dies bedeutet eine SOI-Verfrühung bei der Verwendung zündunwilliger Kraftstoffe. Tritt Brennstoff in den Brennraum ein, herrschen somit je nach Energieträger unterschiedliche Bedingungen im Vergleich zu einem konstanten Einspritzbeginn. Ein konstanter SOI würde eine vergleichsweise Verschleppung der Verbrennung bei der Verwendung von zündunwilligem Kraftstoff bedeuten. Das Brenn- und Emissionsverhalten der Kraftstoffe bei konstanter Schwerpunktlage der Energieumsetzung ist somit besser vergleichbar, so dass das Zündverzugsverhalten bei konstantem SOI daher zunächst nicht betrachtet wird.

Obwohl alle Kraftstoffe vergleichbare 50%-Lagen im Summenbrennverlauf und vergleichbare Brennraumbedingungen im ZOT aufweisen, kann ein unterschiedliches Durchbrennverhalten beobachtet werden. Während die Summenbrennverlaufslagen vor der 50%-Schwerpunktlage mit dem zündwilligen GtL gegenüber CEC verfrüht sind, ist das Brennende verschleppt. Die zündunwilligeren Kraftstoffe verhalten sich invers hierzu und zeichnen sich daher durch eine reduzierte Brenndauer, ausgedrückt durch die Differenz der 90%- und der 5%-Lagen des Summenbrennverlaufs, aus. Der diffusive Kraftstoffumsatz der zündunwilligeren Kraftstoffe läuft in Relation beschleunigt ab. Dieses Verhalten gilt auch für die Kraftstoffe mit Sauerstoffanteil, dargestellt im Anhang 9.3.

Potentiell nutzbar gemacht werden könnten die Abweichungen im Brennverhalten bei frühen und späten Lagen des integralen Heiz- bzw. Brennverlaufes trotz einer vergleichbaren Schwerpunktlage der Energieumsetzung zur Kraftstoffsensierung mit Hilfe des zylinderdruckgeführten Motormanagements.

Die Unterschiede im Brennverhalten nehmen mit steigender Motorlast analog zu denen im Zündverzugsverhalten ab (vgl. Abbildung 5-3).

5.3.1 Schadstoffbildung

In diesem Abschnitt werden die resultierenden Schadstoffemissionen der alternativen Kraftstoffe aufgezeigt und dem CEC-Referenzkraftstoff gegenübergestellt. Da neben den kraftstoffspezifischen Eigenschaften auch die konstruktive Auslegung des Testaggregates großen Einfluss auf die Emissionscharakteristik besitzt, ist die Ausweitung der Aussagen auf andere Motorenklassen nur eingeschränkt möglich und bezieht sich in der vorliegenden Untersuchung somit auf moderne Pkw-Dieselmotoren.

Exemplarisch wird das Emissionsverhalten zunächst an dem BP2 (2000 min^{-1} und 90 Nm) am Vollmotor der ersten Generation (Absatz 4.1.1) diskutiert. Im Anschluss werden die Aussagen auf die übrigen Betriebspunkte erweitert. Die Betriebsparameter entsprechen denen der Diskussion der Zündverzüge aus Abbildung 5-3.

Ein Ziel dieser Arbeit ist die Entschärfung des Ruß-NO_X-Tradeoffverhaltens. Entsprechend den Ausführungen in den Absätzen 2.2 und 3.2.2 wird Ruß in unterstöchiometrischen Brennraumzonen zunächst gebildet und im weiteren Verbrennungsverlauf zu großen Teilen wieder aufoxidiert. Hierzu sind hohe Temperaturen und Reaktionspartner nötig, also Radikale wie H, OH, C_2H_4, H_2, CO und OH, CH_2 und CH_3 [9]. Die hohen Temperaturen und Radikalkonzentrationen führen jedoch zur Stickoxidbildung, wobei besonders die Verweildauer im Hochtemperaturbereich sowie das hierbei vorliegende Sauerstoffangebot relevant sind [213]. In Abbildung 5-5 ist dieses Ruß-NO_X-Tradeoffverhalten (links) sowie der Stickoxidverlauf in Relation zu dem Abgaslambda (rechts) bei einer AGR-Variation ersichtlich. Um einen direkten Vergleich zu ermöglichen, sind sowohl die Standardkraftstoffe als auch ausgewählte Oxygenate in jeweils einem Diagramm gemeinsam dargestellt.

Betriebspunkt 2	Kraftstoffpfad	Luftpfad
	p_{Rail}=1200 bar	p_L=1430 mbar
n_m=2000 min^{-1}	P_i=aus	ES=15°KW n. LWUT
M_D=90 Nm	HV50%=12.5°KW	m_{LM}=variabel

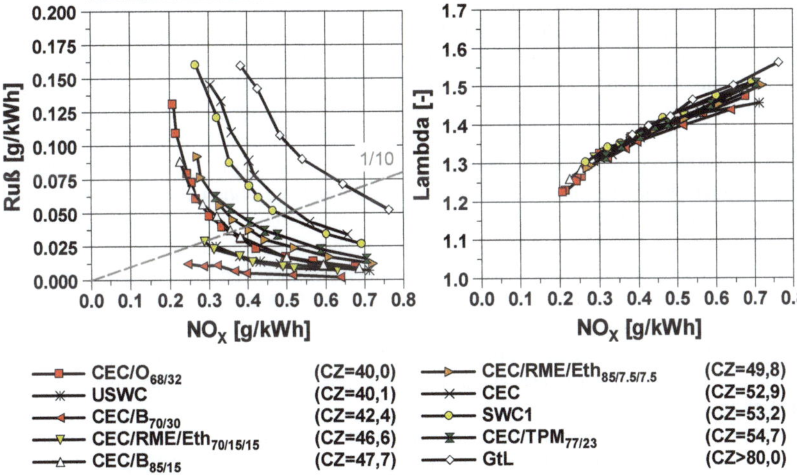

Abbildung 5-5: Ruß und Lambda über den Stickoxidemissionen am BP2

Zur Verringerung der Stickoxidemissionen muss das Temperaturniveau durch geeignete Maßnahmen reduziert werden. So hat besonders der Verbrennungsverlauf großen Einfluss auf die resultierenden Emissionen. Hauptminderungsfaktor für die Stickoxide ist die

Abgasrückführung, bei der ein Teil der angesaugten Frischluft durch Abgase ersetzt wird. Das rückgeführte Abgas enthält inerte Verbrennungsprodukte. Gegenüber der reinen Frischluft sind die Anteile von Kohlendioxid und Wasser erhöht, welche eine erhöhte Wärmekapazität aufweisen [190]. Bei gleicher zugeführter Wärmemenge steigt die Gemischtemperatur also nicht so stark wie es bei einer niedrigeren Wärmekapazität der Fall wäre. Wegen der exponentiellen Abhängigkeit der NO_x-Bildungsrate von der Temperatur bedeuten geringere Verbrennungstemperaturen eine Reduzierung der Stickoxidemissionen (Absatz 2.1.3).

Zudem bewirkt das geminderte Sauerstoffangebot im Brennraum eine Reduzierung der Verbrennungsspitzentemperaturen. Der sinkende Sauerstoffpartialdruck verringert die Kraftstoffumsetzgeschwindigkeit, da für einen gleichen Kraftstoffmassenumsatz ein größerer Gemischmassenstrom die Flammenfront passieren muss. Der Sauerstoffmangel darf aber nicht zu groß werden, da dies mit einem Anstieg der übrigen Schadstoffkomponenten, insbesondere der Partikelemissionen, durch schlechtere Oxidationsbedingungen und Quench-Effekte, verbunden wäre [9] [191].

Bei geringen Abgasrückführraten und somit relativ hohem globalen Sauerstoffangebot liegen die Stickoxidemissionen bei allen aufgeführten Kraftstoffen auf einem hohen Niveau. Eine Steigerung der AGR-Rate bewirkt generell eine Senkung der Stickoxidemissionen. Die quantitativen Unterschiede der Kraftstoffe zueinander sind bei den hier vorliegenden Randbedingungen und gesteigerten Inertgasanteilen im Vergleich zu den übrigen Schadstoffemissionen gering. Eine Betrachtung von konstanten Lambdawerten unter $\lambda \approx 1{,}35$ zeigt Unterschiede der alternativen Kraftstoffe gegenüber dem Referenzkraftstoff CEC von unter 5%. Hauptgrund für diese Abweichung ist das unterschiedliche Brennverhalten. Trotz gleicher Schwerpunktlage der Energieumsetzung durch Anpassung des Einspritzbeginns unterscheiden sich die restlichen Lagen des integralen Heizverlaufs der Brennstoffe zueinander. Bei Verbrennungsbeginn liegt eine unterschiedliche Kraftstoffmenge im Brennraum vor, die mit dem Zündverzug zunimmt und durch den so gesteigerten Anteil an Vormischverbrennung zu erhöhten Stickoxidemissionen führt. Das Zündverzugsverhalten der Kraftstoffe aus Abbildung 5-3 spiegelt sich in den Stickoxidemissionen wider, so dass diese bei den zündwilligeren Kraftstoffen GtL und SWC1 gegenüber den zündunwilligeren Kraftstoffen USWC und dem Dieselkraftstoffblend mit 30-Volumenpozenten Butanolbeimischung auf einem niedrigeren Niveau verlaufen, gerade bei höheren Lambdawerten. Während die Stickoxidemissonen bei diesem hohen Sauerstoffüberschuss auf insgesamt höchstem Niveau verlaufen, ist durch die vorliegenden guten Oxidationsbedingungen das Rußniveau, für jeden Kraftstoff individuell betrachtet, gering. Mit zunehmender AGR-Rate nehmen die Brennraumtemperaturen und das Luftverhältnis ab. Beides wirkt einer Rußoxidation entgegen und lässt die Rußemissionen entsprechend der Ruß-NO_X-Schere ansteigen.

Bei Betrachtung eines festen Wertes der Stickoxidemissionen, z. B. NO_X=0,4 g/kWh in Abbildung 5-5 (links), zeigen sich starke Rußemissionsunterschiede für die verschiedenen Energieträger.

Obwohl die inhärente Rußbildungsneigung, ausgedrückt durch das effektive molare Wasserstoff- zu Kohlenstoffverhältnis, bei GtL geringer im Vergleich zu CEC oder USWC ist ($H/C_{Eff.}$ ist gesteigert), liegen dessen Rußemissionen auf dem global höchsten Niveau. Zudem zeigt USWC mit einer vermeintlich höheren inhärenten Rußbildungsneigung gegenüber CEC einen stark verbesserten Tradeoff. Grund hierfür ist wiederum der aufgrund des verlängerten Zündverzuges verringerte diffusive Umsatz zugunsten des vorgemischten Verbrennungsanteils.

Ein Weg um die Schere zwischen Ruß- und Stickoxidemissionen aufzubrechen ist, bereits die Rußbildung selbst zu Minimieren. Geeignete Maßnahmen hierfür sind also, neben einem gezielt gesteuerten Temperaturverlauf außerhalb kritischer Schadstoffbildungsbedingungen, die Gemischaufbereitung zu verbessern bzw. den Kraftstoff selbst zu optimieren.

Weist ein Brennstoff ein hohes Verhältnis von Wasserstoff zu Kohlenstoff auf, so kann das Rußbildungspotential als gering angesehen werden. Beispiel hierfür ist molekularer Wasserstoff, der rußfrei verbrennt (vgl. Absatz 3.2.9). Doch erst die Kombination mit dem Brennverhalten lässt Aussagen über das resultierende Rußemissionsniveau zu.

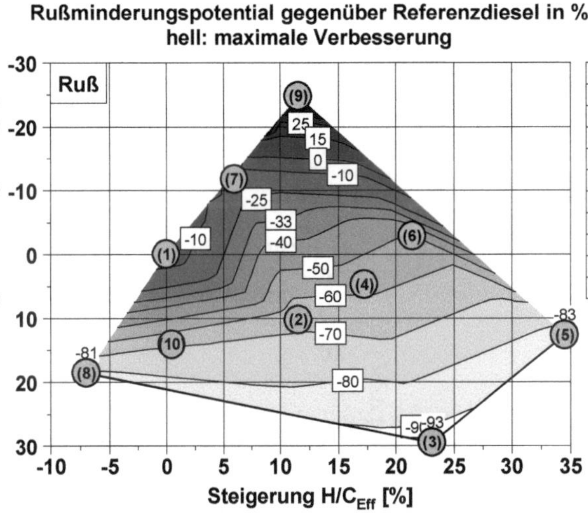

Nummer	Kraftstoff
1	CEC
2	$CEC/B_{85/15}$
3	$CEC/B_{70/30}$
4	$CEC/RME/Eth_{85/7.5/7.5}$
5	$CEC/RME/Eth_{70/15/15}$
6	$CEC/TPM_{77/23}$
7	SWC1
8	USWC
9	GtL
10	$CEC/O_{68/32}$

Betriebspunkt 2:
n_m=2000 min^{-1}
M_D=90 Nm
isoNO_xØ=0.45 g/kWh

Abbildung 5-6: Rußminderungspotential alternativer Kraftstoffe gegenüber Referenzdiesel am BP2

Abbildung 5-6 zeigt das durchschnittliche Rußminderungspotential ausgewählter alternativer Kraftstoffe bei einer AGR-Variation am BP2 in Abhängigkeit der Parameter relative Zündverzugsänderung und der prozentualen Änderung des effektiven molaren Wasser- zu Kohlenstoffverhältnisses gegenüber Referenzdiesel und jeweils identischen Werten für die Stickoxidemissionen. Der gemeinsam von den Kraftstoffen überdeckte Stickoxidemissionsbereich innerhalb der betrachteten AGR-Variation (ca. 33-40%) bedeutet am BP2 eine mittlere NO_X-Emission von 0,45 g/kWh.

Die Rußminderung zwischen den einzelnen Kraftstoffen ist linear interpoliert dargestellt, wobei die Eintrübung gleichbedeutend mit einer Verschlechterung des Emissionswertes ist. Wie bereits in Abbildung 5-5 ersichtlich, zeigt der zündwillige GtL trotz eines inhärenten Rußminderungspotentials verschlechterte Rußwerte. In Abbildung 5-6 kann die Erhöhung des GtL-Rußemissionsniveaus mit 37% gegenüber CEC-Referenzkraftstoff beziffert werden.

Trotz kraftstoffseitig erhöhter Rußbildungsneigung zeigt der USWC auf Grund seines ebenfalls stark erhöhten Zündverzuges eine Rußminderung von 81%.

Ein ähnlich hohes Rußminderungspotential von 83%, trotz eines gegenüber USWC verringerten Zündverzugs, zeigt der Blend $CEC/RME/Eth_{70/15/15}$, wobei der Rußminderungseffekt durch die chemische Blockade der Kohlenstoffatome an den Rußbildungsmechanismen hervorgerufen wird und durch die molekular eingebundenen Sauerstoffatome begründet werden kann (vgl. Absatz 3.2.9).

Maximale Rußminderung an dem vorliegenden Betriebspunkt wird durch eine kombinierte Wirkung auf Basis der Kraftstoffchemie ($H/C_{eff.}$) und der kraftstoffseitigen Verlängerung des Vormischzeitfensters erreicht. Beispiel hierfür ist die Rußminderung von 93% gegenüber CEC durch eine Beimischung von 30 Volumenprozenten Butanol. Die volumetrische Verdünnung des Grundkraftstoffes ist dabei für beide Blends mit 30% gleich. Auf Grund der Esterkomponente in dem Dreiphasenmischkraftstoff ist der vereinfachte Rußminderungskennwert ($H/C_{Eff.}$) tendenziell reduziert.

Die chemischen Reaktionen brechen bei Temperaturen von 2000K bis 1500K ab, so dass unvollständig oxidierte Reaktionsprodukte wie Ruß, aber auch unverbrannte Kohlenwasserstoffe sowie Kohlenstoffmonoxid verbleiben und mit der Abgasrückführrate tendenziell ansteigen. Bei Annäherung an die Stöchiometrie unter $\lambda \approx 1{,}2$, laufen die CO-Kurven aufeinander zu und zwar unabhängig von dem Parameter Kraftstoff.
Analog zu der relativen Rußemissionsbetrachtung der alternativen Brennstoffe zeigt Abbildung 5-7 die auf Referenzdiesel bezogenen unvollständig verbrannten Schadstoffkomponenten.

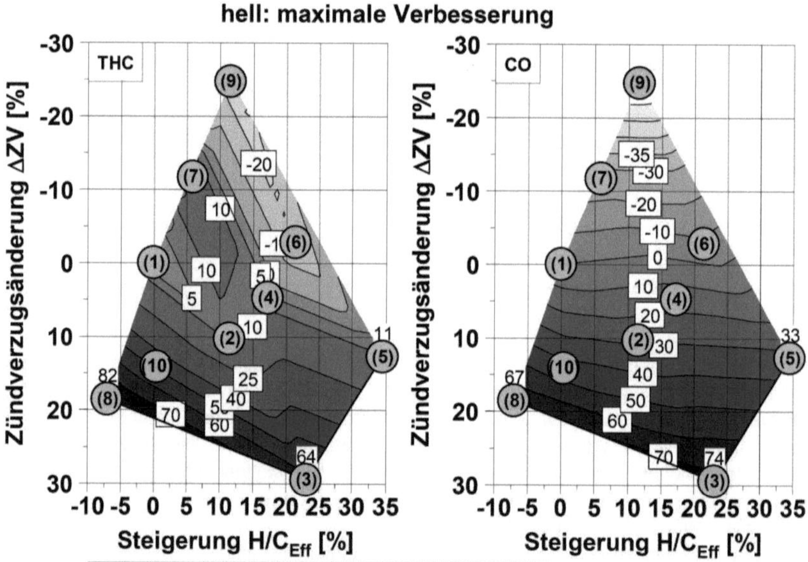

Nummer	Kraftstoff	Nummer	Kraftstoff
1	CEC	6	$CEC/TPM_{77/23}$
2	$CEC/B_{85/15}$	7	SWC1
3	$CEC/B_{70/30}$	8	USWC
4	$CEC/RME/Eth_{85/7.5/7.5}$	9	GtL
5	$CEC/RME/Eth_{70/15/15}$	10	$CEC/O_{68/32}$

Betriebspunkt 2:
n_m=2000 min^{-1}
M_D=90 Nm
$isoNO_x$Ø=0.45 g/kWh

Abbildung 5-7: THC- und CO-Minderungspotential alternativer Kraftstoffe gegenüber Referenzdiesel am BP2

Die mittlere NO_X-Emission von 0,45 g/kWh ergibt sich aus einem betrachteten Abgaslambdabereich, welcher sich auf Grund der AGR-Variation von $\lambda \approx 1{,}35$ bis $\lambda \approx 1{,}5$ erstreckt. Bei diesem Sauerstoffangebot unterscheiden sich besonders die CO-Emissionen

hauptsächlich auf Grund des Zündverhaltens, bzw. des Anteils an vorgemischter Verbrennung. Gegenüber CEC bedeutet eine kraftstoffbedingte Ausweitung des Zündverzuges um etwa 20% eine Schadstoffsteigerung von über 50%. Invers hierzu bedeutet eine Zündverzugsverkürzung von etwa 20% ein um über 50% reduziertes CO-Niveau. Bei zu stark erhöhtem Zündverzug kommt es zu unvollständigem Durchbrennen, bzw. gar zu Zündaussetzern. Folglich steigen die Emissionen der unverbrannten Schadstoffe CO und HC stark an.
Zusätzlich wirkt sich die chemische Kraftstoffzusammensetzung aus. Die unvollständige Kraftstoffumsetzung führt zu einem Ansteigen derjenigen Verbrennungsprodukte, welche grundsätzlich schon auf der Eduktseite vorhanden sind. Ist der Aromatenanteil eines Kraftstoffes erhöht, ist der resultierende Anteil an Aromaten ebenfalls erhöht, dargestellt in Anhang 9.4 für die Standardkraftstoffe. Die besonders zündunwilligen aromatischen Kraftstoffanteile fördern die THC-Bildung in den genannten Brennraumzonen. GtL, frei von Aromaten, in Kombination mit einer relativ zu CEC erhöhten Siedelage, sowie einer erhöhten Zündwilligkeit, emittiert die global niedrigsten Kohlenwasserstoffemissionen. Demgegenüber können die höchsten unverbrannten Kohlenwasserstoffemissionen beim USWC beobachtet werden, der sich gegenüber CEC durch einen hohen Aromatengehalt, einen verfrühten Siedebeginn und eine niedrige Zündwilligkeit auszeichnet.
Auf Grund der verbesserten Verdampfungseigenschaften verringert sich hauptsächlich die maximale Eindringtiefe des flüssigen Kraftstoffs. Der Einfluss des Siedeverhaltens auf die resultierenden Kohlenwasserstoffemissionen tritt unter den hier vorliegenden Randbedingungen (z. B. Zylindergastemperatur) in den Hintergrund, wenn die freie Strahllänge ausreichend dimensioniert ist.

Die Zündwilligkeit besitzt ebenfalls großen Einfluss auf den Zylinderdruckgradienten und damit auf die Geräuschemission des Motors, welche an einem Betriebspunkt mit dem Gradienten im Allgemeinen zunehmen. Abbildung 5-8 (links) zeigt die Auswirkung der alternativen Kraftstoffe auf den Zylinderdruckanstieg am BP2. Die aufbereitete Kraftstoffmenge sinkt mit der Verringerung der Zündverzugszeit, so dass der Kraftstoffumsatz langsamer und damit akustisch weniger auffällig stattfindet. Der hochcetanige GtL verbrennt mit der geringsten Zylinderdruckanstiegsgeschwindigkeit. Dieser Effekt kehrt sich bei einer kraftstoffbasierten Verlängerung des Zündverzugs um, so dass der zündunwilligste Kraftstoff den höchsten Zylinderdruckgradienten aufweist. Die Kraftstoffe ordnen sich nicht konsistent zu Ihrem Zündverzugsverhalten an, z. B. Kraftstoff 2 zu Kraftstoff 8 in Abbildung 5-8 (links). Begründet werden kann dies u. a. mit Messabweichungen bei der Indiziergrößenerfassung.
Analog zu den verminderten Umsatzraten nimmt die maximale Anstiegsgeschwindigkeit des Zylinderdruckes und damit die Geräuschemission bei einer Steigerung der AGR-Rate an dem betrachteten BP2 für alle Kraftstoffe ab.

Die verringerten Umsatzraten und die damit einhergehenden gesteigerten Anteile an unverbrannten Schadstoffkomponenten bedeuten einen verminderten Umsetzungsgrad.
Abbildung 5-8 (rechts) stellt den Einfluss der alternativen Energieträger auf den spezifischen Kraftstoffverbrauch dar. Hierbei handelt es sich um eine heizwertkorrigierte Betrachtung eines jeden Kraftstoffes in Relation zu dem gravimetrischen H_U des CEC-Referenzkraftstoffes.

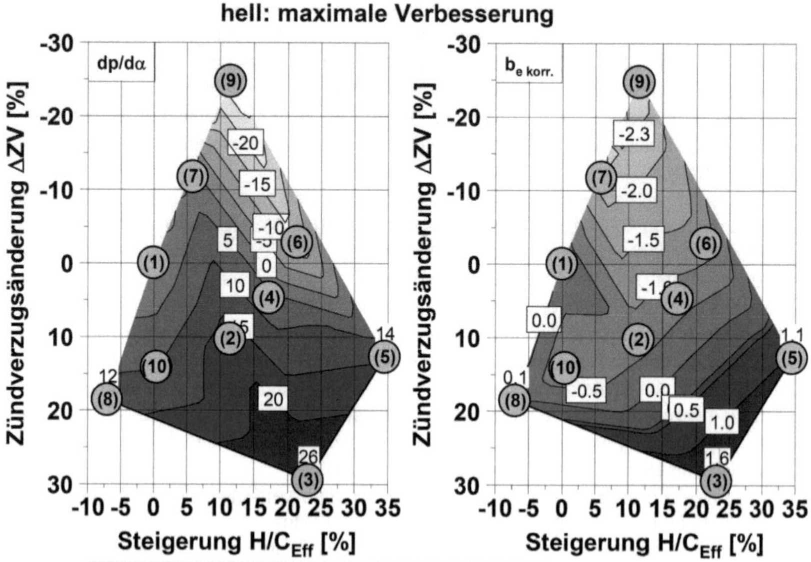

Nummer	Kraftstoff	Nummer	Kraftstoff
1	CEC	6	$CEC/TPM_{77/23}$
2	$CEC/B_{85/15}$	7	SWC1
3	$CEC/B_{70/30}$	8	USWC
4	$CEC/RME/Eth_{85/7.5/7.5}$	9	GtL
5	$CEC/RME/Eth_{70/15/15}$	10	$CEC/O_{68/32}$

Betriebspunkt 2:
n_m=2000 min^{-1}
M_D=90 Nm
$isoNO_x Ø$=0.45 g/kWh

Abbildung 5-8: Zylinderdruckgradienten- (links) und b_e-Minderungspotential alternativer Kraftstoffe gegenüber Referenzdiesel am BP2

Der Kraftstoffverbrauch nimmt trotz vergleichbarer Schwerpunktlage des integralen Heizverlaufs mit der Abgasrückführrate zu. Das Spülgefälle zur Bereitstellung erhöhter AGR-Raten wird durch eine Abgasgegendruckanhebung erreicht, so dass sich an der hier vorliegenden Motorgeneration die Ausschiebearbeit übermäßig erhöht. An dieser Stelle sei erwähnt, dass gerade der negative Abgasgegendruckeffekt durch eine Entdrosselung der Abgasrückführstrecke minimiert werden kann.
Entsprechend dem Zündverzugsverhalten und dem daraus resultierenden Einfluss auf die CO- und HC-Emissionen sinken die spezifischen Verbräuche tendenziell mit der ansteigenden Zündwilligkeit. Der prozentuale Unterschied zum Referenzkraftstoff beträgt maximal 2,5% mit dem zündwilligsten Kraftstoff GtL.

Betriebspunkteinfluss

Im Folgenden soll die Betrachtung des BP2 um die weiteren Betriebspunkte nach Abbildung 5-2 erweitert werden. Der Fokus liegt auf den sauerstoffhaltigen Kraftstoffkomponenten in Relation zu dem Referenzdiesel.
Durch die Steigerung der Motorlast des BP2 von p_{me}=5,8 bar auf p_{me}=9,6 bar (BP3), verbessern sich die Zündbedingungen. Im Gegensatz hierzu führt das verringerte Drehzahlniveau (1500 min^{-1} anstatt 2000 min^{-1}) in Kombination mit einem effektiven

Mitteldruck von p_{me}=3,2 bar bei BP1 zu verschlechterten Zündbedingungen, ersichtlich an dem Zündverzugsverhalten in Abbildung 5-3. Der spezifische Kraftstoffverbrauch des BP1 mit niedriger Motorlast ist um ca. 14% gegenüber dem BP2 erhöht. Der b_e des höherlastigen BP3 ist gegenüber dem BP2 um ca. 14% reduziert.

Abbildung 5-9 zeigt die prozentuale Abweichung der heizwertkorrigierten spezifischen Kraftstoffverbräuche ausgewählter Oxykraftstoffe gegenüber CEC bei AGR-Variationen an den verschiedenen Betriebspunkten. Wie bereits am BP2 diskutiert, zeigen die zündunwilligeren Kraftstoffe tendenziell erhöhte Verbräuche.

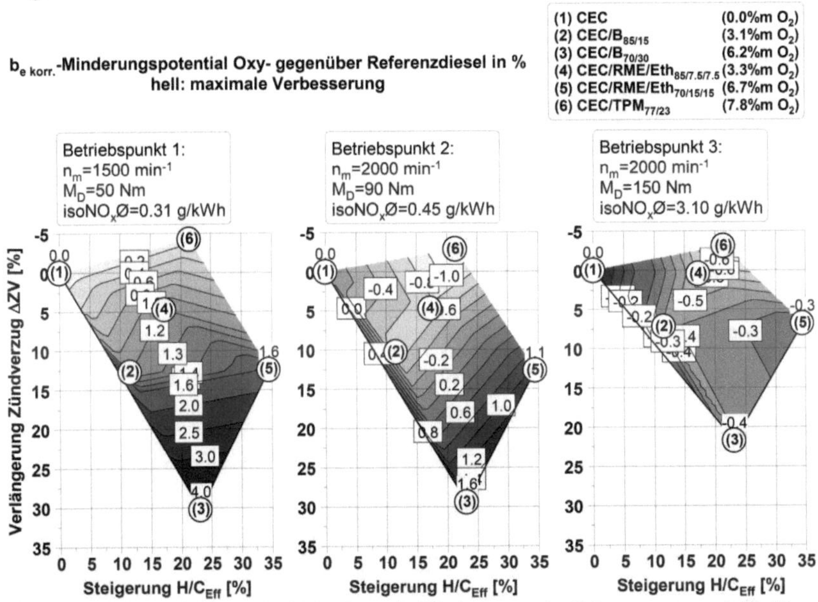

Abbildung 5-9: Betriebspunktabhängiges b_e-Minderungspotential von sauerstoffhaltigen Kraftstoffen gegenüber Referenzdiesel

Bei gesteigerter Motorlast am BP3 sind die Zündbedingungen stark verbessert und die kraftstoffseitigen Zündverzugseinflüsse nehmen ab. Erkennbar ist dies an dem reduzierten Flächeninhalt in Abbildung 5-9 (rechts gegenüber mittig, bzw. links). Aus diesem Sachverhalt kann abgeleitet werden, dass das Zündverhalten der Kraftstoffe nicht allein durch einen festen prozentualen Bezug auf einen Referenzkraftstoff ausgedrückt werden kann. Als Kraftstoffeigenschaft bleibt das effektive molare Wasserstoff- zu Kohlenstoffverhältnis über den motorischen Parametervariationen konstant. Der zündunwilligste Kraftstoff CEC/$B_{70/30}$ weist bei dem BP3 gegenüber dem BP2 eine verringerte prozentuale Zündverzugsverlängerung, ca. 20% (BP3) gegenüber ca. 30% (BP2), im Vergleich mit CEC auf. Insgesamt sind für alle Kraftstoffe die prozentualen Zündverzugsabweichungen für die gesteigerte Motorlast verglichen mit CEC verringert. Die Unterschiede zu den spezifischen Verbräuchen sind ebenfalls minimiert und liegen im Bereich der Messgenauigkeit.

Die prozentualen Zündverzugsänderungen der alternativen Kraftstoffe am BP1 und somit verringerter Motorlast liegen nur unwesentlich über dem BP2. Im Unterschied zu den höheren Lasten wird die ND- durch eine gesteuerte HD-AGR teilweise substituiert. Da diese ungekühlt ausgeführt ist, verbessert das gesteigerte Temperaturniveau die Zünd-

bedingungen gegenüber der reinen ND-Variante. Dennoch zeigt sich besonders der Kraftstoff CEC/$B_{70/30}$ relativ zündunwillig, verbrennt unvollständiger und weist somit trotz gleicher Schwerpunktlage einen um ca. 4% erhöhten heizwertkorrigierten Verbrauch auf. Die Kombination aus niedriger Motorlast und zündunwilligen Kraftstoffen bedeutet somit eine verschlechterte Kraftstoffumsetzung. Dies kann bis hin zu Zündaussetzern führen, detektierbar über eine erhöhte Standardabweichung im indizierten Mitteldruck. Entsprechend steigen die Emissionen der unvollständig verbrannten Schadstoffkomponenten stark an. Besonders im Bereich niedriger Lasten, d. h. bei relativ schlechten Brennbedingungen ist der Schadstoffausstoß erhöht. Quantitativ liegen die spezifischen Kohlenwasserstoffemissionen am BP1 etwa um den Faktor Zehn über denen des BP3. Bezüglich der unvollständig verbrannten Schadstoffkomponenten THC und CO ist der BP1 daher besonders kritisch.
Auch die nichtreglementierten Kohlenwasserstoffbestandteile des Abgases sind besonders am BP1 erhöht (Anhang 9.5). Abbildung 5-10 zeigt exemplarisch für die unvollständig verbrannten Schadstoffkomponenten die THC-Emissionen an den verschiedenen Betriebspunkten.

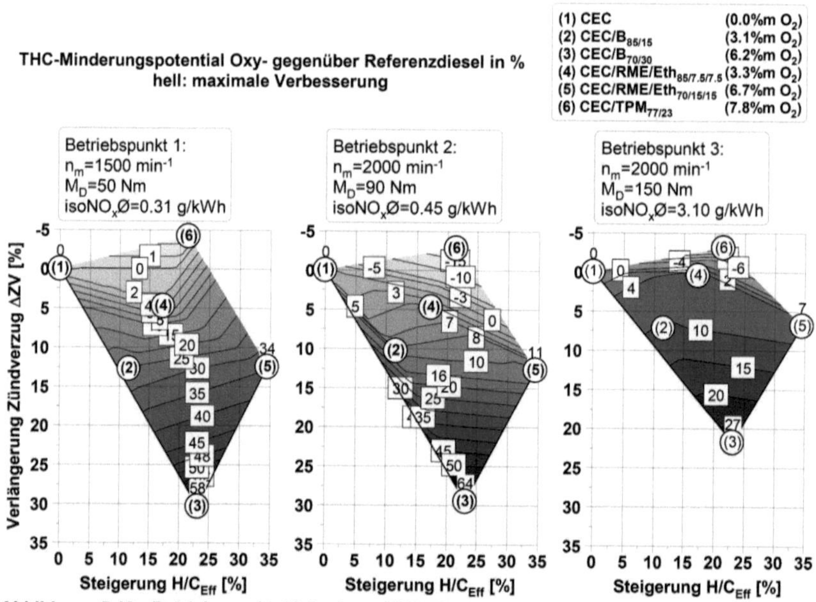

Abbildung 5-10: Betriebspunktabhängiges THC-Minderungspotential von sauerstoffhaltigen Kraftstoffen gegenüber Referenzdiesel

Das kraftstoffindividuelle Emissionsniveau ist erwartungsgemäß lastabhängig. Durch die exklusive Verwendung von ungekühlter anteiliger HD-AGR am BP1 ist ein Vergleich der Betriebspunkte zueinander erschwert. Jedoch steigt an jedem Betriebspunkt das THC-Emissionsniveau mit der kraftstoffseitigen Zündunwilligkeit, zumindest für die hier betrachteten alternativen Energieträger mit relativ zu CEC niedrigen Siedestarttemperaturen. Bei erhöhter Motorlast am BP3 nehmen die Emissionsunterschiede der einzelnen Kraftstoffe zueinander stark ab. Folglich ist der Einflussparameter Kraftstoff bei erhöhter Motorlast, also ohnehin niedrigem spezifischem THC-Emissionsniveau, zu vernachlässigen.

Mit ansteigender Motorlast verringern sich Spielräume bei der Brennverfahrensbeeinflussung durch die AGR-Rate, da durch den erhöhten Kraftstoffeintrag in den Brennraum eine entsprechend erhöhte Sauerstoffmenge zur Verbrennung benötigt wird. Ohne Steigerung des Aufladegrads nimmt der durch AGR ersetzbare Zylinderladungsanteil ab, bzw. bei erhöhten Rückführraten steigen auf Grund des Sauerstoffmangels die Rußemissionen stark an. Zur Stickoxidminderung ist die AGR-Zumessung gerade bei dem höherlastigen BP3 erforderlich, was sich wiederum negativ auf die Rußemissonen auswirkt.
Abbildung 5-11 stellt das durchschnittliche Rußminderungspotential der sauerstoffhaltigen Kraftstoffe bezogen auf den Referenzkraftstoff, resultierend aus einer AGR-Ratenvariation, dar. Die gewählten betriebspunktindividuellen AGR-Ratenvariationsbereiche erstrecken sich jeweils um den Applikationswert, d. h. ca. 37-42% (BP1), ca. 33-40% (BP2), ca. 10-20% (BP3). Die Anwendung dieser gemittelten Emissionsänderung gegenüber dem Referenzkraftstoff minimiert den Einfluss von Messwertschwankungen.

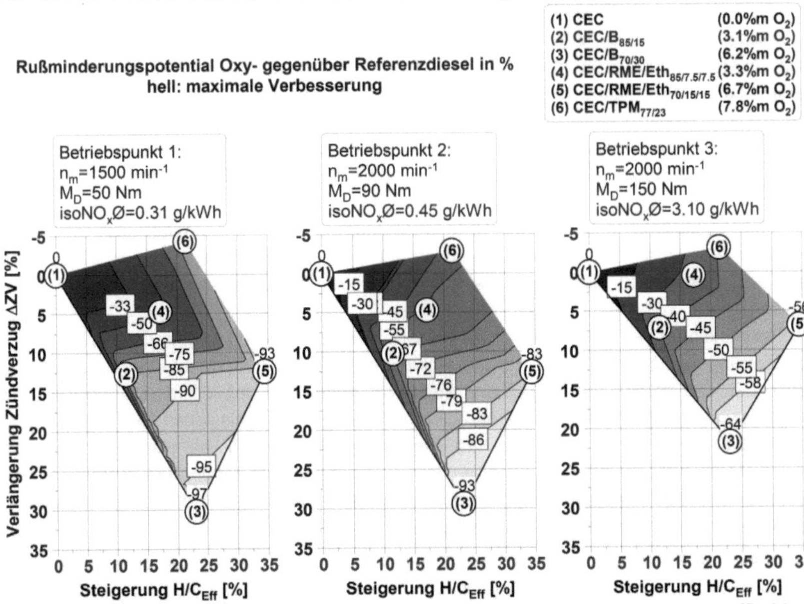

Abbildung 5-11: Betriebspunktabhängiges Rußminderungspotential von sauerstoffhaltigen Kraftstoffen gegenüber Referenzdiesel

Der kombinierte Rußminderungseffekt durch die Kraftstoffchemie ($H/C_{Eff.}$) und die Zündverzugsverlängerung ist an allen betrachteten Lastpunkten zu beobachten. In den Betriebspunkten 1 und 2 sind so Rußminderungen von über 90 Prozent gegenüber dem Referenzkraftstoff möglich. Minimale Rußwerte zeigt erneut der zündunwilligste Butanolblend $CEC/B_{70/30}$. Entsprechend der bereits diskutierten verbesserten Zündbedingungen am BP3 nimmt hier der PM-Minderungseffekt auf Grund der geringeren prozentualen Zündverzugsverlängerung ab. Dennoch ist die Rußminderung des $CEC/B_{70/30}$ gegenüber CEC mit etwa 64% hoch. Das bietet die Möglichkeit zur indirekten Stickoxidminderung durch eine Steigerung der AGR auf Kosten des geringen Rußniveaus. Zudem würden die unvollständig verbrannten Schadstoffemissionen ansteigen, welche bei den zündunwilligeren Kraftstoffen bereits auf einem erhöhten Niveau liegen.

Im Gegensatz zum BP2 zeigt der zündwillige Kraftstoff GtL am BP3 (nicht dargestellt) einen verbesserten Ruß-NO_X-Tradeoff gegenüber CEC. Begründet werden kann dies mit einer durch die gesteigerte Last ähnlicheren Energieumsetzung zwischen CEC und GtL bei einem Verbleib der relativ hohen inhärenten Rußminderungsneigung bei GtL.
Durch die Beimischung des Glycolethers TPM zum Referenzdiesel (CEC/$TPM_{77/23}$) und die damit verbundene gesteigerte Zündwilligkeit werden die unverbrannten Schadstoffkomponenten verringert. Bei gleichem Stickoxidemissionsniveau ist der Rußausstoß gegenüber CEC, um über 50% (BP2), stark vermindert. Auch der spezifische heizwertkorrigierte Verbrauch wird durch die Zumischkomponente leicht verbessert, so dass es somit möglich ist, alle hier betrachteten Zielgrößen simultan über den Parameter Alternativkraftstoff zu optimieren.

5.3.2 Partikelemissionen alternativer Kraftstoffe

Die Bewertung der Rußemissionen von den verschiedenen Kraftstoffen basiert bisher ausschließlich auf der FSN, gemessen mit dem Smokemeter 415s der Fa. AVL. Am Einzylinderprüfstand (Absatz 4.1.3) erfolgen ergänzende Untersuchungen zum Partikelemissionsverhalten der alternativen Kraftstoffe mit dem SMPS in Kombination mit einem CPC. Neben der Bestimmung der Partikelanzahl über dem Mobilitätsdurchmesser erfolgt eine Rußmassendetektion anhand der Partikelgrößenverteilung und einer Annahme für die mittlere Rußdichte (vgl. [13]) sowie einem auf das 415s kalibrierten konstanten Korrekturfaktor.
Die Betriebsparameter sind dem BP2 nachempfunden, wobei anstatt des effektiven Motordrehmoments die Einspritzmasse konstant ist. Diese beträgt 20 mg pro Arbeitsspiel für den CEC-Referenzkraftstoff, alle weiteren Kraftstoffe werden energieäquivalent zugemessen.
Zur Bereitstellung des Druckgefälles für die Abgasrückführung dient eine Drosselklappe im Abgasstrang, welche auch die Druckauswirkungen der Einzelkomponenten des Abgaspfads nachbildet. Die grundsätzliche Wirkung entspricht derjenigen des Vollmotors, so dass die Rußemissionen bei einer AGR-Steigerung zu und die Stickoxidemissionen für alle Kraftstoffe abnehmen. Abbildung 5-12 zeigt die Partikelemissionscharakteristik bei einer AGR-Variation für den Referenzkraftstoff CEC. Die vertikale Linie bei einem Mobilitätsdurchmesser von 23 nm grenzt den reglementierten Bereich mit größeren mittleren Mobilitätsdurchmessern von den nichtreglementierten Kleinstpartikeln ab.

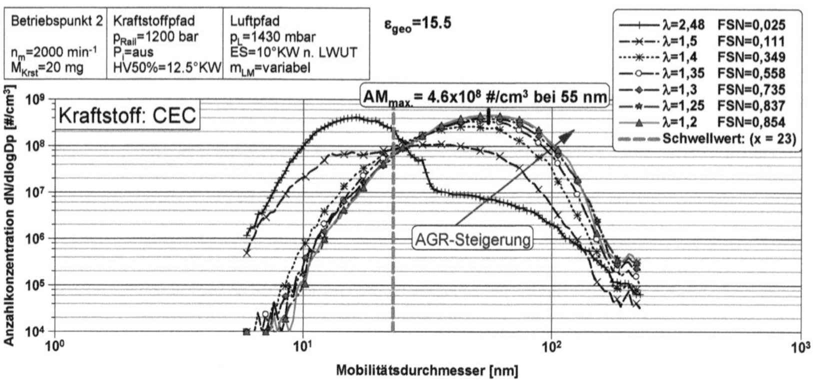

Abbildung 5-12: Partikelgrößenverteilungen unter AGR-Einfluss mit dem Referenzkraftstoff

Ohne Inertgaszumessung und einem somit relativ hohen Luftverhältnis von $\lambda \approx 2{,}5$ ist der Rußmassenausstoß erwartungsgemäß gering, erkennbar an der niedrigen FSN (siehe Legende der Abbildung 5-12) und dem auf geringem Niveau verlaufenden Akkumulationsmodus. Nach Abbildung 2-2 nimmt daher die Oberfläche zur Anlagerung kleiner Partikel ab, was ein ausgeprägtes Maximum der Partikelgrößenverteilung im Nukleationsmodus zur Folge hat. Durch die Steigerung der Abgasrückführung nehmen die Schwärzungszahlen und die Maxima des Akkumulationsmodus erwartungsgemäß zu, ein ausgeprägter Nukleationsmodus kann nicht mehr detektiert werden. Der Akkumulationsmodus verschiebt sich dabei in Richtung größerer Mobilitätsdurchmesser, was mit den Schwärzungszahlen korreliert.

Analog zu den Erkenntnissen aus Absatz 5.3.1 weist GtL auf Grund des gesteigerten diffusiven Brennstoffumsatzes auch am Einzylinderprüfstand (BP2) einen verschlechterten Ruß-NO_X-Tradeoff im Vergleich zum Referenzkraftstoff auf, dargestellt in Abbildung 5-13. Des Weiteren ist das Tradeoffverhalten des CEC-Butylalblends mit einer volumetrischen Beimischungsquote von 31% in dem Diagramm enthalten.

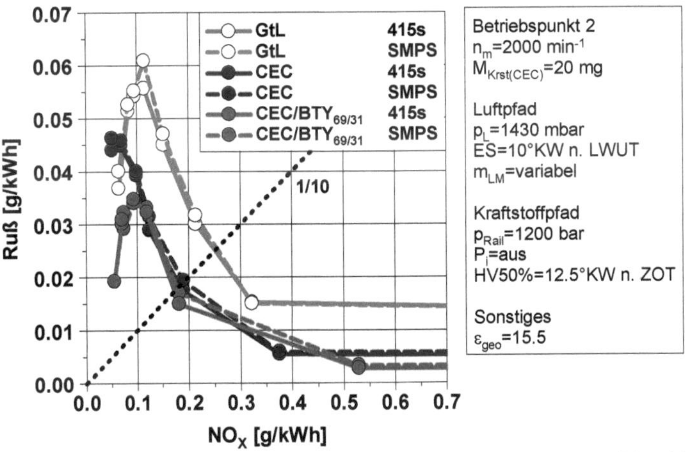

Abbildung 5-13: Partikelemissionen ausgewählter Kraftstoffe am Einzylinderprüfstand (BP2)

Trotz einer zwischen CEC und GtL einzuordnenden Zündwilligkeit ist das Tradeoffverhalten des Butylalmischkraftstoffes gegenüber CEC leicht verbessert, was wiederum auf die verringerte inhärente Rußbildungsneigung auf Grund der molekular gebundenen Sauerstoffkomponente zurückzuführen ist (vgl. Absatz 3.2.9).

Abbildung 5-13 zeigt außerdem, dass die Bestimmung der emittierten Rußmassen auf Basis der beiden unterschiedlichen Messmethoden, SMPS bzw. Smokemeter 415s, an diesem Betriebspunkt mit den zugrundeliegenden Einstellparametern quantitativ vergleichbar sind. Dies zeigt die hohe Güte der eingesetzten Partikelentnahme und -messtechnik, so dass diese für weiterführende Untersuchungen einsetzbar ist [192].

Im Unterschied zum Vollmotor wird dem verschlechterten Umsetzungsgrad durch die AGR-Erhöhung nicht mit einer Steigerung der Kraftstoffeinspritzmasse begegnet. Dies bedeutet eine Reduzierung der indizierten Leistung. Durch die Fremdaufladung ist die Bereitstellung hoher AGR-Raten im Vergleich zu dem realen Aufladesystem weniger eingeschränkt. Daher sind gegenüber den Vollmotoruntersuchungen gesteigerte AGR-Ratenbereiche erschließbar. Mit der AGR-Rate nimmt der Zündverzug und somit das Zeitintervall zur Kraftstoff-

aufbereitung zu. Während der Hauptverbrennungsphase nimmt mit steigender AGR-Rate die zur Verfügung stehende Zeit für die Rußbildung zu und die Oxidationsbedingungen verschlechtern sich, so dass die resultierenden Rußemissionen mit dem sinkenden Luftverhältnis ansteigen [193]. Andererseits bewirken die hohen Rückführraten (gekühlte ND-AGR) eine lokale Temperaturabsenkung teilweise unter die Rußbildungsbedingungen, so dass die gemessenen Rußemissionen nach Durchschreiten eines Maximums und weiterer Steigerung der Abgasrückführrate stark abfallende Tendenzen aufweisen, ersichtlich in Abbildung 5-13 für NO_x<0,12 g/kWh. Beschrieben wurde dieses Verhalten für den Kraftstoff CEC bei Annäherung an die Stöchiometrie in [194], wobei die Höhe durch die AGR-Temperatur beeinflusst werden kann. Die Ausbildung eines solchen „Rußberges" ist auch für alternative Kraftstoffe mit Sauerstoffanteil grundsätzlich bekannt [193]. Bei vergleichbaren thermodynamischen Randbedingungen ist dieser Effekt nach Abbildung 5-13 ausgeprägter für Kraftstoffe mit verringerter inhärenter Rußbildungsneigung.
Dies liegt den Schluss nahe, dass das Gebiet der Rußbildung, in Abhängigkeit der Parameter lokale Temperatur und lokales Verbrennungsluftverhältnis, bzgl. der Intensität, bzw. der Ausweitung reduziert sein könnte.
Die simultane Absenkung der Ruß- und Stickoxidemissionen durch die relativ hohen Raten gekühlter AGR an dem hier vorliegenden Motorkonzept mit relativ niedrigem Verdichtungsverhältnis kann nach [195] als teilhomogenisiertes Brennverfahren, bzw. Niedertemperaturbrennverfahren mit später Einspritzung eingeteilt werden und wird im Folgenden mit LTC (Low Temperature Combustion) bezeichnet.

Abbildung 5-14 zeigt die Partikelgrößenverteilungen von drei ausgewählten Messpunkten bei einer AGR-Ratenerhöhung rechts vom, im und links vom Auftreten des Rußmaximums exemplarisch für den synthetischen Kraftstoff GtL aus Abbildung 5-13.

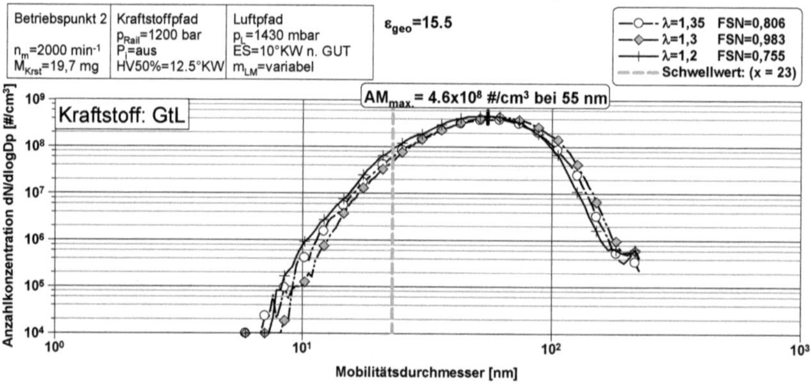

Abbildung 5-14: Partikelgrößenverteilungen von GtL bei einer AGR-Ratensteigerung rechts vom, im und links vom auftretenden Rußmaximum

Bei der höchsten gemessenen FSN ist die Partikelanzahlkonzentration zu größeren Mobilitätsdurchmessern hin erhöht. Die weitere AGR-Ratensteigerung bewirkt eine Verschiebung der Partikelemissionsverteilungskurve in Richtung kleinerer Mobilitäts-durchmesser, ohne eine Veränderung des Wertes der Partikelanzahlemissionen bei Betrachtung des Akkumulationsmaximums. Neben einer verringerten Partikelmasse bedeutet dies eine Reduktion der reglementierten Partikelanzahl.

Quantitativ entsprechen sich Lage und Partikelanzahl des globalen Maximums des Akkumulationsmodus von CEC und GtL (vgl. $AM_{max.}$-Werte in Abbildung 5-12 und Abbildung 5-14). Der Kurvenverlauf von GtL erstreckt sich jedoch in Bereiche größerer und damit masseträchtigerer Mobilitätsdurchmesser. Die ausschließliche Korrelation zwischen der Partikelmasse und dem Maximum des Akkumulationsmodus wie z. B. in [17] erwähnt ist bei der Verwendung alternativer Kraftstoffe demnach nicht ausreichend.

Eine Erhöhung der Partikelanzahlemissionen bei in Richtung verringerten Mobilitätsdurchmessers verschobenem Maximum des Akkumulationsmodus wird durch die Verwendung des Butylalblends bewirkt, dargestellt in Abbildung 5-15. Mit der Reduzierung von Partikeln mit größeren Mobilitätsdurchmessern nimmt die zur Anlagerung kleiner Partikel zur Verfügung stehende Oberfläche ab.

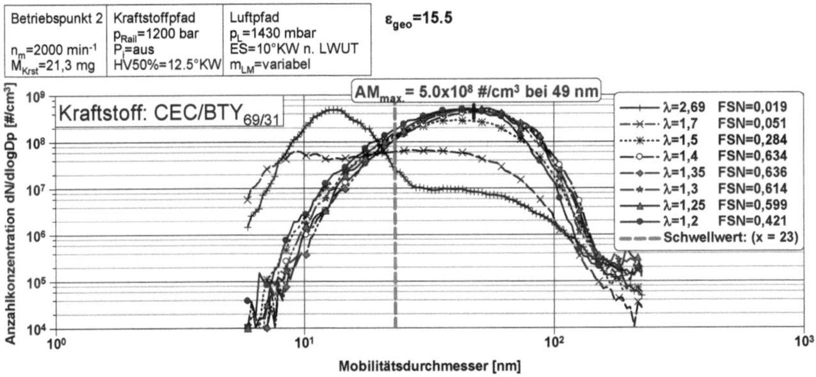

Abbildung 5-15: Partikelemissionen eines Oxykraftstoffes gegenüber Referenzdiesel

Die Anzahl von Partikeln mit verringerten Mobilitätsdurchmessern ist somit erhöht. Analog zu den Beobachtungen mit dem Kraftstoff GtL bedeuten stark erhöhte AGR-Raten eine Verschiebung der Partikelgrößenverteilungskurve zurück in Richtung verringerter Mobilitätsdurchmesser ohne Anstieg des Maximums der Anzahlemissionen. Die Filterpapierschwärzung nimmt ab. Auf Grund des geringen globalen Sauerstoffangebotes sind auch die Stickoxidemissionen gering. Im Gegensatz dazu sind die Kohlenwasserstoff- und Kohlenmonoxidemissionen sowie der spezifische indizierte Kraftstoffverbrauch stark erhöht.

5.3.3 Vollmotoremissionsverhalten ohne applikative Kraftstoffanpassung

Neben stationären Betriebspunktvermessungen erfolgen Zyklentests (NEFZ) an einem hochdynamischen Motorprüfstand (vgl. Absatz 4.1.4). Basisfahrzeug für dessen Parametrierung ist ein VW Golf mit einem 2,0 l-TDI-Motor und einer maximalen Leistung von 103 kW in der EURO V-Ausführung. Motor und Steuergerätekombination entsprechen der Serienkonfiguration. Eine applikative Anpassung an die alternativen Kraftstoffe erfolgt nicht. Untersucht werden sollen die Anwendbarkeit und das Emissionsminderungspotential von sauerstoffhaltigen Energieträgern. Auf Grund des seriennahen Versuchsaufbaus können die Ergebnisse tendenziell auf die bestehende Fahrzeugflotte mit einer vergleichbaren Motorisierung übertragen werden.

Der Forschungsfokus liegt hier auf der Entschärfung des PM-NO_X-Tradeoffs und der genaueren Charakterisierung der Partikelemissionen. Dynamisch erfasst werden diese Größen in Ergänzung zur relativ trägen Prüfstandsabgasanalyse MEXA 1600 DEGR der Fa.

Horiba (T_{90}>2s) mit einer NO_X-Sonde, bzw. die Partikelemissionen mit dem EEPS (vgl. Absatz 4.1.4).

Eine weitere wichtige Einflussgröße ist die Art der Partikelentnahme, besonders bei den instationären Temperatur- und Druckverläufen an der Abgasentnahmestelle. Daher werden die Versuche sowohl mit dem Ejektor- als auch mit dem Rotationsverdünner durchgeführt, welche die etabliertesten Entnahmesysteme zur weiteren Partikelanalyse darstellen. Für jeden Kraftstoff erfolgt die Ergebnisdarstellung auf Basis der Mittelwerte aus mehreren NEFZ-Durchläufen. Aufgetragen über dem Mobilitätsdurchmesser sind die so ermittelten und jeweils kumulierten Gesamtpartikelanzahlemissionen in Abbildung 5-16 für ausgewählte Kraftstoffe in Bezug auf den Zertifizierungskraftstoff ersichtlich. Die der linken Darstellung zugrundeliegenden Messungen werden mit der Ejektorverdünnungstechnik durchgeführt. Im Anschluss wird die entnommene Probe auf über 250°C beheizt und der EEPS-Partikelanalytik zugeführt. Aus Gründen der Verfügbarkeit liegt zwischen den Messungen mit der alternativen Rotationsverdünnungs-Entnahmetechnik ein zeitlicher Versatz von mehreren Monaten (Abbildung 5-16, rechts). Kraftstoffe, welche in beiden Messreihen verwendet werden, d. h. CEC, CEC/$B_{70/30}$ und CEC/$RME_{44/56}$ entstammen jeweils derselben Charge.

Auf das jeweils erhöhte molare effektive Wasserstoff- zu Kohlenstoffverhältnis der verwendeten alternativen Energieträger ist die Rußminderung gegenüber CEC bei besonders masseträchtigen Partikeldurchmessern um 100 nm zurückzuführen. Diese liegt hier für alle dargestellten Sonderkraftstoffe bei über 50%.

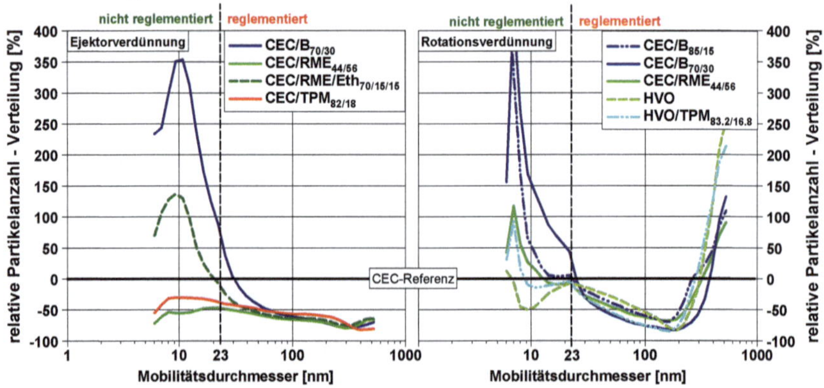

Abbildung 5-16: Kumulierte Partikelgrößenverteilungen (EEPS) alternativer Kraftstoffe im NEFZ, bezogen auf CEC-Referenzkraftstoff

Unterschiede in den Kurvenverläufen über der Mobilitätsdurchmesserbandbreite sind besonders im Übergangsbereich von Akkumulationsmodus zu Nukleationsmodus und in der Höhe des Letzteren zu beobachten. Mischungsanteile von RME und TPM führen im Fall der Ejektorverdünnung zu einer Annäherung des Nukleationsmodus an denjenigen des CEC, verbleiben jedoch über dem gesamten Partikelgrößenbereich unter dem Kurvenverlauf des Referenzdiesels. Insgesamt werden im NEFZ also geringere Partikelmassen und Partikelanzahlen mit diesen Kraftstoffen emittiert.

In Abbildung 5-17 wird die relative Gesamtpartikelanzahl (TPN) und -masse (TPM) jeweils mit und ohne Betrachtung der Partikel im nichtreglementierten Mobilitätsdurchmesserbereich kleiner als 23 nm für die Ejektorverdünnungsentnahmetechnik aufgezeigt. Alle hier dargestellten Energieträger zeigen eine Rußmassenminderung im Vergleich zu CEC um bis

zu 60%. Der Massenbeitrag der Kleinstpartikel unter 23 nm ist gering und kann vernachlässigt werden.
Butanol als Beimischkomponente zeigt einen stark ausgeprägten Nukleationsmodus, welcher die linke Flanke des Akkumulationsmodus überlagert (Abbildung 5-16). Folge hiervon ist eine starke Erhöhung der Partikelanzahl vor allem für Mobilitätsdurchmesser um 10 nm, aber auch bis in den reglementierten Mobilitätsdurchmesserbereich größer als 23 nm hinein. Der Akkumulationsmodus ist wie beschrieben bei noch größeren Mobilitätsdurchmessern stark gegenüber dem Referenzkraftstoff und analog zu den anderen Vergleichskraftstoffen verringert. In Summe steigt besonders die Anzahl der Partikel im nichtreglementierten Bereich für den Butanolblend CEC/$B_{70/30}$ um durchschnittlich über 90% an. Im reglementierten Partikelanzahlbereich fällt die Anzahlreduktion auf Grund der genannten Überlappung der Modi geringer im Vergleich zu den weiteren alternativen Kraftstoffen aus.
Die Zunahme der Kleinstpartikel kann auch mit den Messungen unter Verwendung der Rotationsverdünnung tendenziell bestätigt werden. Vor allem die Beimischung der relativ kurzkettigen Alkohole und im Speziellen der Butanolblends zeigt eine Erhöhung der Kleinstpartikelanzahlen, ersichtlich in der Abbildung 5-16 (rechts). Alle Kraftstoffe mit molekular gebundenem Sauerstoff zeigen einen erhöhten Nukleationsmodus gegenüber CEC, bei einem abgesenkten Akkumulationsmodus. Analog zu den Ausführungen in Absatz 5.3.2 nimmt die Oberfläche zur Anlagerung von Kleinstpartikeln mit der Verringerung des Akkumulationsmodus ab. Die Ausnahme im Fall der Rotationsverdünnung nimmt der rein paraffinische HVO ein, welcher sowohl einen gegenüber CEC reduzierten Nukleations- als auch Akkumulationsmodus aufweist. Die Reduzierung des Letzteren fällt in Relation zu den übrigen alternativen Energieträgern jedoch am geringsten aus. Mit Ejektorverdünnung kann dieses Verhalten u. a. auch für den in beiden Kampagnen verwendeten CEC/$RME_{44/56}$ beobachtet werden, der Nukleationsmodus ist jedoch für die Rotationsverdünnung erhöht. Eine weitere interessante Beobachtung ist für die letztere Entnahmetechnik ein Überschneidungsbereich aller Verteilungsverläufe zwischen ca. 20-30 nm. Dies und der starke Partikelanzahlanstieg gegenüber CEC ab mittleren Mobilitätsdurchmessern von ca. 170 nm ist offensichtlich auf die unterschiedlichen Probenentnahmeprinzipien zurückzuführen. Reproduzierbar und auch bei einer Variation der Entnahmetemperaturen und Verdünnungsraten weiterhin vorhanden, ist der stark überhöhte Nukleationsmodus vor allem bei der Verwendung von Butanolblends. Die Überhöhung steigt mit dem Mischungsanteil, ersichtlich in der rechten Hälfte der Abbildung 5-16. Da von diesen Kleinstpartikeln ein besonders hohes Gesundheitsrisiko ausgeht (vgl. Abbildung 2-2), sollte dieser Sachverhalt in zukünftigen Forschungsaktivitäten genauer ergründet werden.

Abbildung 5-17 zeigt zudem ausgewählte Abgasemissionen verschiedener alternativer Energieträger jeweils als kumulierte Mittelwerte aus mehreren NEFZ-Durchläufen und auf den Zertifizierungskraftstoff bezogen.

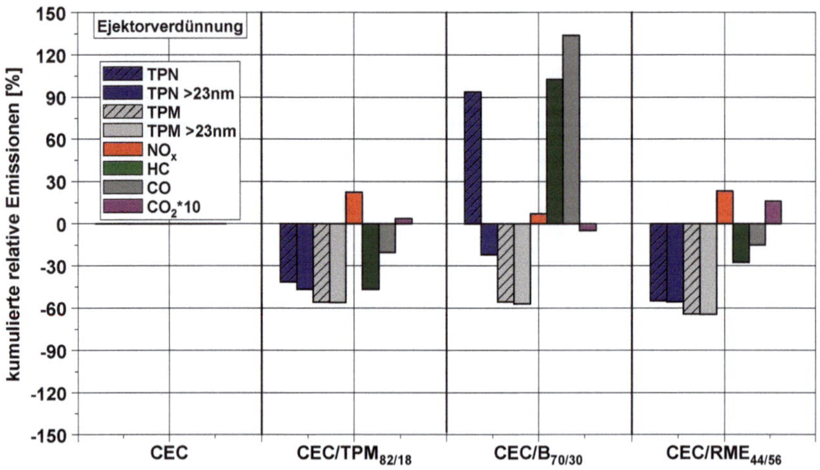

Abbildung 5-17: Emissionsverhalten ausgewählter Kraftstoffe gegenüber CEC im NEFZ (Ejektorverdünnung)

Analog zu den Erkenntnissen aus dem vorangehenden Abschnitt führt besonders ein zündunwilliger Kraftstoff zu erhöhten Kohlenwasserstoff- und Kohlenmonoxidemissionen. Diese Schadstoffe sind daher durch die Verwendung des Butanolblends stark erhöht. Zündwilligere Zumischkomponenten wie RME oder TPM führen zu einem verringerten Ausstoß von unvollständig verbrannten Schadstoffkomponenten.

Der Kraftstoffeinfluss auf den heizwertkorrigierten Verbrauch ist gering, so dass die resultierenden Kohlendioxidemissionen hauptsächlich durch die inhärente energiespezifische CO_2-Bildungsneigung der Kraftstoffe bestimmt werden (vgl. Absatz 3.2.10). Vor allem der RME-Blend zeigt in diesem Zusammenhang daher eine Erhöhung.

Zur Bewertung der Emissionen von verschiedenen Kraftstoffen ist zu berücksichtigen, dass die Applikation am vorliegenden Serienaggregat nur optimal für den konventionellen Dieselkraftstoff kalibriert ist. Ohne Applikationsanpassung werden Kraftstoffparameterabweichungen in z. B. Kraftstoffdichte, Heizwert und stöchiometrischem Luftbedarf nicht berücksichtigt. Konsequenz hieraus ist ein Abweichen von der ursprünglichen Applikation u. a. in Hinblick auf die Rauchbegrenzung und die Lambda-Vorsteuerung zur Verbesserung des dynamischen Ansprechverhaltens.

Am Beispiel der sauerstoffhaltigen Kraftstoffe mit reduziertem volumetrischem Heizwert und verringertem stöchiometrischem Luftbedarf ist eine geringere AGR-Zumessung die Folge. Eine reduzierte AGR-Rate bewirkt gerade bei einem Lastsprung eine Erhöhung der Stickoxidemissionen. Die Rußemissionen nehmen entsprechend ab. Einige alternative Kraftstoffe zeigen u. a. daher gegenüber CEC erhöhte Werte in Bezug auf die Stickoxide.

Um dieser Tradeoffverschiebung zwischen den Ruß- und NO_x-Emissionen bei der Bewertung der Rußminderung gerecht zu werden, erfolgt eine Einbeziehung des, für diese Versuchsreihen relevanten, jeweiligen Stickoxidemissionsverhaltens. Jeder Kraftstoff zeigt ein individuelles Ruß-NO_x-Emissionsniveau, ausgedrückt durch jeweils einen Punkt in der Tradeoffdarstellung. Auf dieser Basis werden, anhand der Achsenabschnitte zwischen dem Emissionswert und dem Darstellungs-Ursprung, die Flächeninhalte in der Ruß-NO_x-Tradeoffdarstellung für jeden Kraftstoff gebildet und auf den Referenzkraftstoff bezogen

(Abbildung 5-18 (links)). Die daraus resultierende prozentuale Emissionsminderung gegenüber CEC ist in Abbildung 5-18 (rechts) dargestellt.

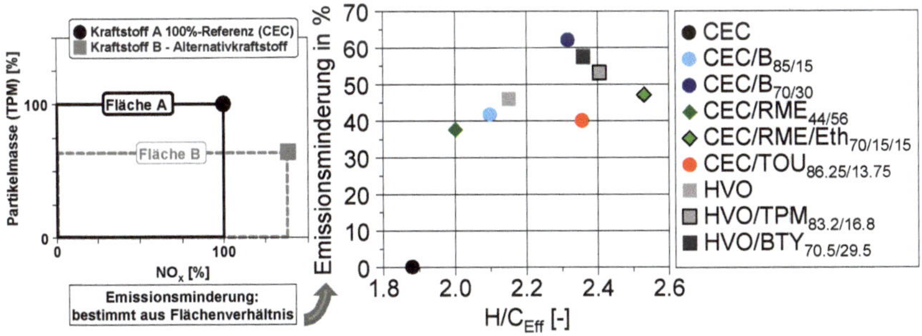

Abbildung 5-18: Ruß- und NO_x-Emissionsminderungspotential alternativer Kraftstoffe gegenüber CEC im NEFZ (Rotationsverdünnung)

Der aufgespannte Bereich zur tradeoffkorrigierten Rußminderung erstreckt sich von unter ca. 40% bis über 60% gegenüber dem Zertifizierungskraftstoff am Beispiel von Kraftstoffen mit gleichem Sauerstoffmassenanteil von 6,2%m. Andere Untersuchungen bei diesem Sauerstoffgehalt nach Abbildung 3-9 zeigen eine maximale Rußminderung von ca. 35%.
Die im Rahmen der vorliegenden Arbeit gemessene Rußminderung unterscheidet sich neben dem Prüfling auch stark in der Versuchsdurchführung.
So trägt insbesondere der instationäre Anteil des NEFZ zu einer erhöhten Rußemission bei, wenn für eine dynamische Betriebspunktänderung der verfügbare Sauerstoff aufgrund des relativ trägen Luftpfades gering ist. Der kraftstoffseitig gebundene Sauerstoffanteil reduziert auch unter diesen Bedingungen die Rußbildungsneigung und vermindert so die kumulierten Rußemissionen.
Eine volumetrische Beimischung von 56% RME zu CEC steigert das H/C_{Eff}-Verhältnis nur leicht. Dieses wird zudem durch die Ester spezifische molekulare Anordnung zwischen Sauerstoff- und Kohlenstoffatomen tendenziell verkleinert (vgl. Absatz 3.2.9). Daher und des Weiteren bedingt durch das erhöhte Stickoxidemissionsniveau fällt trotz eines Sauerstoffmassenanteils des resultierenden Blends von 6,2%m die Emissionsminderung mit unter 40% vergleichsweise gering aus. $CEC/B_{85/15}$, mit einem Butanolanteil von 15% und einem somit um 50% geringerem Sauerstoffmassenanteil gegenüber $CEC/RME_{44/56}$ weist eine größere Emissionsminderung auf. Entscheidend ist u. a. erneut das gesteigerte H/C_{Eff}-Verhältnis. Dieses ist für den sauerstofffreien HVO gleichartig wie die Emissionsminderung erhöht. Werden dem HVO zum Erreichen eines Sauerstoffmassenanteils von wiederum 6,2%m jeweils die Ether TPM und Butylal zugemengt, kann der Emissionsminderungstrend fortgesetzt werden.
Die höchste Reduzierung wird durch den Butanolblend mit einem volumetrischen Mischungsanteil von 30% erreicht Trotz des gleichen Sauerstoffanteils von 6,2 Massenprozenten und in Relation zu den HVO-Etherblends verringertem H/C_{Eff}-Verhältnis ist neben der abgesenkten Siedelage die vergleichsweise stark herabgesetzte Zündwilligkeit ein entscheidender Einflussfaktor.
Vor allem das gesteigerte Stickoxidniveau bei der Verbrennung des TOU-Blends und der niedrige Zumisch- und damit geringe Verdünnungsanteil führen zu einer in Bezug auf das H/C_{Eff}-Verhältnis relativ geringen kombinierten Emissionsminderung. Eine Betrachtung der reinen Partikelmassenminderung ohne Berücksichtigung des Stickoxidemissionsverhaltens

weist eine Verringerung von über 60% auch für die Kraftstoffe $CEC/TOU_{86,25/13,75}$ und $CEC/RME/Eth_{70/15/15}$, also in einem ähnlichen Bereich wie $HVO/BTY_{70,5/29,5}$ mit einer Minderung von ca. 65% auf und einem dazwischen liegendem H/C_{Eff}-Verhältnis. Trotz des höchsten H/C_{Eff}-Verhältnis des Dreikomponentenmischkraftstoffs ist dessen Emissionsminderung nicht maximal. Hauptgrund hierfür ist wie bereits angeführt u. a. der anteilige RME, dessen molekulare Sauerstoffeinbettung nicht optimal angeordnet ist und vor allem der hauptsächlich applikationsbedingte erhöhte Stickoxidausstoß.
Zur Prognose der Ruß-NO_x-Tradeoffverbesserung anhand von Kraftstoffkennwerten ist das H/C_{Eff}-Verhältnis besser geeignet als die exklusive Betrachtung des Sauerstoffmassenanteils. Jedoch ist auch dieser Kennwert nicht hinreichend, da die molekulare Struktur von z. B. Estern nicht korrekt berücksichtigt wird, ebensowenig wie das kraftstoffindividuelle Brennverhalten und die daraus abzuleitenden Emissionseinflüsse.

Fahrzeuganwendung eines ausgewählten Oxykraftstoffes

Ergänzend zu den Prüfstandsuntersuchungen im Rahmen der vorliegenden Arbeit werden Rollenprüfstandstests mit einem Serienaggregat, eingebaut in einem Golf VI, durchgeführt. Diese erfolgen in Kooperation mit und bei der Fa. Volkswagen AG in Wolfsburg.
Als biogene Beimischungskomponenten, welche bereits ausreichende Produktionskapazitäten aufweisen sind Bioethanol und Biodiesel zu nennen (Absatz 3.1). Des Weiteren sind diese Komponenten im Tankstellennetz weit verbreitet. Auf der Seite des Bioethanols ist bereits die ottomotorische Anwendung als 85-Volumenprozent-Mischung (E85) mit Benzin etabliert.
Zur Erhöhung der biogenen Beimischungsquote über 30 Volumenprozenten werden dem Dieselkraftstoff jeweils 20% Biodiesel und 20% E85 zugemischt.
Bei dem Versuchsträger handelt es sich um einen 2,0 l-Vierzylindermotor in BIN5-Ausführung und einer Leistung von 103 kW, welches dem Basisaggregat der Prüflinge in den Absätzen 4.1.1, 4.1.2 und 4.1.3 entspricht. Das Fahrzeug wurde konstruktiv, z. B. bzgl. der Materialverträglichkeit und unter Berücksichtigung von sicherheitstechnischen Aspekten auf die Verwendung alternativer Kraftstoffe angepasst. In den Rollenprüfstandstests (FTP75) ist eine starke Verringerung der Rußrohemissionen und damit der Partikelfilterbeladung zu beobachten.
Die Stickoxidemissionen von dem Blend $CEC/RME/E85_{60/20/20}$, gemessen mit SESAM-FTIR-Anlagen an Messpositionen vor und nach der Abgasnachbehandlung, liegen im Streuband der Referenzmessung mit Zertifizierungskraftstoff. Die geringeren Unterschiede in Bezug auf das Stickoxidemissionsniveau dieser Rollenprüfstands- im Vergleich zu den reinen Prüfstandsergebnissen nach Abbildung 5-17 kann mit dem aktiven zylinderdruckgeführten Motormanagement begründet werden, welches kraftstoffbedingte Brennverfahrenseinflüsse reduziert. Der Prüfling am Motorprüfstand ist ohne das zylinderdruckgeführte Motormanagement ausgestattet (vgl. Absatz 4.1.4).
Besonders erhöht sind lediglich die Kohlenmonoxidemissionen bei Verwendung des zündunwilligeren Kraftstoffes $CEC/RME/E85_{60/20/20}$. Eine applikative Anpassung der Voreinspritzdauer zeigt nahezu keinen Effekt und kann keine Minderung der unverbrannten Emissionsbestandteile erzielen. Diese werden besonders in der Kaltstart/Warmlaufphase, d. h. vor dem Erreichen optimaler Konvertierungsbedingungen des Katalysators emittiert. Für eine seriennahe Anwendung muss die Kraftstoffumsetzung daher durch geeignete Strategien unter Zuhilfenahme motorischer Stellparameter weiter optimiert werden. Auf entsprechende Maßnahmen wird in den folgenden Abschnitten näher eingegangen.

5.4 Kombination des Parameters Kraftstoff mit motorischen Stellgrößen

In den vorigen Absätzen dieses Kapitels wurde bereits die grundsätzliche Wirkung der Abgasrückführung als innermotorische Maßnahme zur Beeinflussung des Kraftstoffumsatzverhaltens und der resultierenden Schadstoffemissionen in Kombination mit verschiedenen Energieträgern diskutiert. Dieser Einfluss bietet das Potential zur Realisierung homogenisierter Brennverfahren. Eine grundsätzliche Einteilung alternativer Dieselbrennverfahren wird in [195] gegeben. Problematisch für eine breite Serienanwendung erwiesen sich diesbezüglich bisher vor allem der beschränkte Lastbereich und die erhöhten Anforderungen an die Motorhardware sowie die Brennverfahrensregelung.

Ein Ansatz für die seriennahe Anwendung ist das von der Volkswagen AG vorgestellte CCS-Brennverfahren, welches erst mit Hilfe des Variationsparameters Kraftstoff realisiert werden kann [196]. Kraftstoffseitig wird hier ebenso wie in [197] die verbesserte Gemischbildung durch eine abgesenkte Siedelage und Zündwilligkeit genutzt und mit motorischen Stellparametern kombiniert.

Neben einer Beeinflussung der Brenneigenschaften eines Kraftstoffes mit Hilfe dieser Eingriffe ist auch die direkte Adaption der Kraftstoffeigenschaften grundsätzlich denkbar. In [198] wird die Regelung eines homogenisierten Brennverfahrens durch eine variable Zündwilligkeit des Kraftstoffes mittels einer chemischen Reaktion mit Ozon realisiert. Derartige Ansätze werden im Rahmen dieser Arbeit jedoch nicht verfolgt.

Neue technische Fortschritte im Bereich der Elektronik und der Variationsparameter im Luft- und Kraftstoffpfad ermöglichen völlig neue Ansätze für die Optimierung von Brennverfahren durch motorische Stelleingriffe [199] [200] [201]. Das zylinderdruckgeführte Motormanagement ermöglicht dabei eine echtzeitfähige Regelung.

In [202] konnte der Betrieb von Mischungen aus Diesel und E85 durch die Erweiterung des zylinderdruckgeführten Motormanagements optimiert werden. Zu große Zündverzüge zündunwilliger Kraftstoffe führen zu einem Anstieg der Geräuschemissionen. Strategie ist es, die im Steuergerätekennfeld hinterlegte Brennrate mit der durch den alternativen Kraftstoff veränderten Verbrennung zu vergleichen und mit einer Anpassung des Einspritzdruckes zu reagieren. Die Kompensation unterschiedlicher Brennbedingungen, bzw. Brenneigenschaften wird auch in [203] und [204] aufgezeigt.

Eine Betrachtung und Bewertung der motorischen Einflussgrößen für eine optimierte Regelstrategie besonders in Hinblick auf die Verbrennung alternativer Kraftstoffe erfolgt im weiteren Verlauf dieser Arbeit.

Nachdem die Brenneigenschaften und die hieraus resultierende Schadstoffbildung der verschiedenen Kraftstoffe an den verwendeten Prüflingen grundsätzlich bekannt sind, werden in dem folgenden Abschnitt Strategien aufgezeigt, wie die verbrennungsmotorische Anwendung kraftstoffindividuell unter Zuhilfenahme motorischer Eingriffsmöglichkeiten optimiert werden kann. Die simultane Variation von Kraftstoff und motorischen Stellparametern ist hinsichtlich der Einzeleffekte schwer zu trennen. Daher fokussiert sich die Auswertung hauptsächlich auf überlagerte und damit globale Effekte mit dem Ziel der Minderung von Schadstoffemissionen und dem Kraftstoffverbrauch.

Eine Minderung der schädlichen Emissionen bei der dieselmotorischen Verbrennung kann durch innermotorische Maßnahmen wie Optimierung von Einspritzbeginn, Abgasrückführrate und Temperatur, Einspritzrate etc. und durch Abgasnachbehandlungssysteme wie einen Oxidationskatalysator, einen Rußfilter, einen NO_x-Speicherkatalysator oder eine selektive katalytische Reaktion (SCR) bzw. die Kombination aus diesen Systemen, erreicht werden. Während auf ausgewählte innermotorische Maßnahmen im Weiteren noch näher eingegangen wird, erfolgt keine Betrachtung bzw. Einbeziehung der Abgasnachbehandlung.

5.4.1 Variable Ventilsteuerzeiten

Mit einem variablen Einlass Schluss (ES) können die thermodynamischen Randbedingungen im Brennraum beeinflusst werden. Es wird zwischen zwei verschiedenen Verfahren, dem Frühen Einlass Schließen (FES) und dem Späten Einlass Schließen (SES) unterschieden. Ein Beispiel für die technische Umsetzung ist das nach Miller benannte Verfahren [87] [205]. U. a. kann durch ein verringertes Temperaturniveau die Konzentration von Stickstoffoxid im Abgas gesenkt werden. FES ist das Millerverfahren im eigentlichen Sinne, da das SES mit den Überlegungen von Atkinson verknüpft ist. Bei dem FES wird das Einlassventil bereits geschlossen, bevor der Kolben den Ladungswechsel-UT (LWUT) erreicht hat. Die eingeschlossene Ladungsmasse wird also vor dem Kompressionshub expandiert und so ergibt sich eine Kühlung der Zylinderladung. Bei dem verspäteten Schließen des Einlassventils wird ein Teil der Ladungsmasse zu Beginn des Kompressionshubes wieder durch den Einlass ausgeschoben, da sich der Kolben bereits in der Aufwärtsbewegung befindet. Ein Teil des Kolbenhubes trägt nicht zur Kompression während des Verdichtungstaktes bei. Theoretisch ist die Absenkung der Ladungstemperatur die gleiche wie beim FES. Der Nachteil des SES sind die tendenziell höheren Ladungswechselverluste durch das Ausschieben der überschüssigen Zylinderladung. Die vorgelagerte und aufgeheizte Ladungsmasse führt zu einer Aufheizung des Ansaugtraktes und somit zu einer thermischen Drosselung. Die durch die Einlassorgane initiierte Ladungsbewegung bleibt bei dem SES gegenüber dem FES grundsätzlich erhalten, bzw. kann potentiell z. B. in Kombination mit einem variablen Einlass Öffnen (EÖ) beeinflusst werden [182].

Das Resultat aus beiden ES-Varianten, unter Voraussetzung eines konstanten Ladedruckniveaus, ist eine Reduktion des effektiven Verdichtungsverhältnisses ε_{eff} ausgehend von dem geometrischen Verdichtungsverhältnis ε_{geo} [206]. Das geometrische Verdichtungsverhältnis ε_{geo} ist das Verhältnis vom größtem zum kleinsten Verbrennungsraum, also das Zylindervolumen bei der Kolbenstellung im UT bezogen auf das bei der Kolbenstellung im OT.

$$\varepsilon_{geo} = \frac{V_h + V_C}{V_C} = \frac{V_{Z\_UT}}{V_{Z\_OT}} \qquad \text{(Gleichung 5-1)}$$

Systeme mit variabler geometrischer Verdichtung haben sich in der Serie wegen ihres hohen Aufwandes jedoch noch nicht durchgesetzt. Das effektive Verdichtungsverhältnis unterscheidet sich im Zylindervolumen zu Beginn der Kompression, also nach dem Verschließen der Ladungswechselorgane [207].

$$\varepsilon_{eff} = \frac{V_{Z\_ES}}{V_{Z\_OT}} \qquad \text{(Gleichung 5-2)}$$

Ohne Erhöhung des Aufladegrades resultiert ein verringertes Verdichtungsverhältnis in einem abgesenkten Druckniveau bei Verdichtungsende. Vor allem bei Aufladesystemen mit einer Ladeluftkühlung ergibt sich durch die mittlere Brennraumtemperaturabsenkung eine reduzierte NO-Bildungsrate. Des Weiteren muss weniger Kompressionsarbeit aufgewendet werden. Nachteilig ist, dass mit dem effektiven Verdichtungsverhältnis auch der Wirkungsgrad des Motors sinken kann, wenn die Ladungswechselverluste durch die vom LWUT abweichenden ES-Steuerzeiten zu stark ansteigen [207]. Der Expansionstakt wird durch die reine ES-Steuerzeitenvariation nicht direkt beeinflusst.

Da das Millerverfahren in der Kombination mit der Aufladung eingesetzt wird, kann der Füllungsverlust durch einen höheren Aufladegrad kompensiert werden. Wird ein Ausgleich der Luftmasse durch die Aufladung durchgeführt, kann nicht mehr von einer Senkung des

Verdichtungsendruckes entsprechend dem effektiven Verdichtungsverhältnis gesprochen werden. Es verbleibt jedoch in Kombination mit einer entsprechenden Ladeluftkühlung auf die gleiche Temperatur bei Kompressionsbeginn ohne Anwendung des Millerverfahrens der Vorteil des verringerten Temperaturniveaus im Brennraum. D. h. die Anteile an der Verdichtung zwischen Aufladesystem und Motor werden neu verteilt [87].

Die konstruktive Umsetzung der im Rahmen dieser Arbeit genutzten variablen Steuerzeit des Einlass-Schließt (ES) wird in Absatz 4.1.1 beschrieben. Abbildung 5-19 zeigt den Einfluss einer Spätverstellung des Einlass-Schließt (SES) auf das resultierende effektive Verdichtungsverhältnis ε_{eff} für die im Rahmen dieser Arbeit genutzten Versuchsträger. Angegeben werden die ES-Steuerzeiten bei einem Ventilhub von einem Millimeter. Das effektive Verdichtungsverhältnis wird vereinfacht anhand der vom UT abweichenden Zylindervolumina bei ES nach Gleichung 5-2 bestimmt.

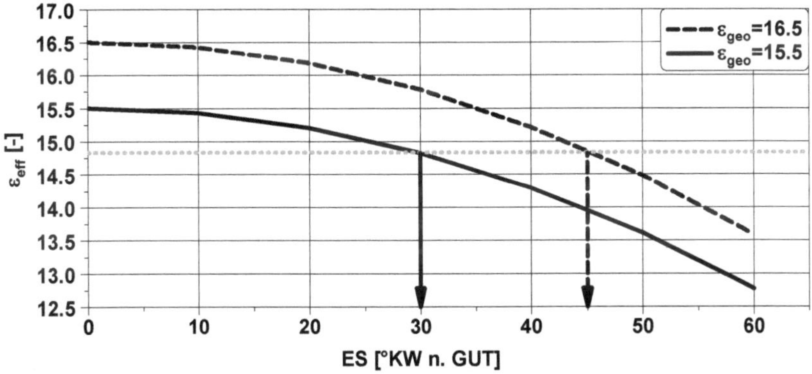

Abbildung 5-19: Einfluss der Einlass-Schließt Steuerzeit auf das effektive Verdichtungsverhältnis

Ausgehend von dem geometrischen Verdichtungsverhältnis resultiert ein SES wie zuvor beschrieben in einer Absenkung des effektiven Verdichtungsverhältnisses. Die Ventilhubverläufe, bzw. Steuerzeiten der einzelnen Motorengenerationen aus Absatz 4 unterscheiden sich dabei voneinander. Der Vollmotor der ersten Generation (Absatz 4.1.1) weist einen unverstellten ES in Frühposition von 15°KW n. LWUT auf, während die zweite Generation um 5°KW früher schließt. Eine maximale Spätverstellung bedeutet in beiden Fällen einen ES von 60°KW n. LWUT, also eine effektive Verdichtungsabsenkung von über zwei Punkten. Das über die Kolbenkonstruktion verringerte geometrische Grundverdichtungsverhältnis von $\varepsilon_{geo} = 15{,}5$ der Einzylindervariante (Absatz 4.1.3) bedeutet eine maximale Reduzierung der effektiven Verdichtung bei SES auf unter $\varepsilon_{eff} = 13$. In Abbildung 5-19 ist beispielhaft eine gleiche effektive Verdichtung von $\varepsilon_{eff} \approx 14{,}7$ durch unterschiedliche ES-Steuerzeiten bei unterschiedlichem geometrischen Verdichtungsverhältnis dargestellt.

Durch die hohe Verstellgeschwindigkeit des Phasenstellers sowohl in Richtung früher als auch später Lagen ist eine zyklengetreue Steuerzeitenanpassung möglich. Hierdurch wird die Dynamik des Luftpfades stark verbessert und der VVT wird auch für die Optimierung instationärer Vorgänge relevant. Im Rahmen dieser Arbeit werden jedoch nur stationäre Einflüsse der Ventiltriebsvariabilität betrachtet.

Abbildung 5-20 zeigt den SES-Einfluss auf den spezifischen Verbrauch und das PM-NO_X-Tradeoffverhalten, sowie relevante Motorparameter bei Verwendung des Referenzkraftstoffes am Vollmotor der 1. Generation am BP2. Analog zu der Zündverzugsbetrachtung nach Abbildung 5-3 erfolgen die Untersuchungen mit Blockeinspritzung und einer konstanten Schwerpunktlage der Energieumsetzung.

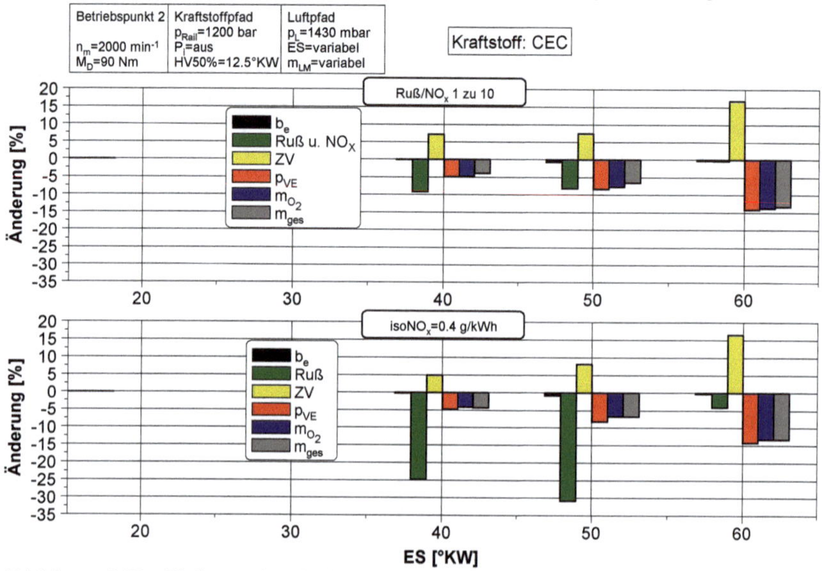

Abbildung 5-20: Einfluss der Einlass-Schließt-Steuerzeit auf ausgewählte motorische Parameter am BP2

Luftpfadseitig wird der Ladedruck bei der Steuerzeitenvariation konstant belassen. Dadurch sinken die Zylinderfüllung und der Verdichtungsenddruck (p_{VE}) mit dem verspäteten ES kontinuierlich; bei Spätanschlag jeweils um etwa 15% gegenüber der Frühposition. Folge hiervon ist ein verlängerter Zündverzug, so dass dieser bei spätestem ES um über 15% ansteigt. Das Zeitintervall für die Kraftstoffaufbereitung wird ausgeweitet. Des Weiteren steigt mit der Steuerzeitenverschiebung nach spät das Drallniveau im Brennraum, so dass sich der Lufteintrag und damit die Gemischbildung weiter verbessert [182]. Diese Effekte wirken der Rußentstehung entgegen. Entsprechend der konstanten Motorlastanforderung resultiert die Füllungsminderung in gesteigerten Massenmitteltemperaturen im Zylinder, die einerseits die Rußbildungsbedingungen, aber auch die Rußoxidation begünstigen. Der erzielbare Rußminderungseffekt wird also von dem Sauerstoffangebot und der Ladungszusammensetzung mitbestimmt.

Eine konstante Luftmassenanforderung bei der Versuchsdurchführung bedeutet eine Verringerung der AGR-Rate bei SES, so dass die resultierende Rußmasse reduziert wird, jedoch auf Kosten der Stickoxidemissionen.

Die Höhe der Stickoxidemissionen ist dabei u. a. abhängig von der Sauerstoffkonzentration der Brennraumladung. Um die Stickoxidemissionen simultan zu senken, ergibt sich ein erhöhter AGR-Bedarf. Mit abnehmender Füllung nimmt die Sauerstoffmasse im Brennraum ab, so dass für die Darstellung einer konstanten Motorlast bei zu spätem ES der zumischbare AGR-Anteil durch die Rußgrenze eingeschränkt wird. Der Kompromiss zwischen Ruß- und NO_X-Emissionen bedeutet eine betriebspunktindividuelle ES-Optimalsteuerzeit. Für den BP2 unter Verwendung von CEC-Kraftstoff sind dies für die betrachtete Motorvariante mittlere Phasenlagen, so dass unter den eingestellten Randbedingungen bei einem konstanten Ruß-NO_x-Tradeoffverhältnis von 1/10 eine Verbesserung um ca. 10%, bzw. bei der Betrachtung konstanter Stickoxidemissionen von NO_x=0,4 g/kWh eine Verbesserung der Rußemissionen um etwa 30% erreicht werden kann (Abbildung 5-20). Gegenüber der Frühstellung sinken diese Vorteile am ES-Spätanschlag auf unter 5%.

Den beschriebenen Emissionsvorteilen der Ventiltriebsstrategie stehen nahezu keine Verbrauchsnachteile gegenüber, obwohl sich die verringerte effektive Verdichtung, d. h. die erhöhten Ladungswechselverluste durch die Ausschiebearbeit der überschüssigen Zylinderladungsmasse, und die Dissipation der kinetischen Energie zur Drallsteigerung jeweils negativ auf den Gesamtwirkungsgrad auswirken. Dem gegenüber wird die Expansion bzw. das Expansionsverhältnis in Bezug auf den Hochdruckwirkungsgrad durch die Ventiltriebsstrategie wie bereits beschrieben nur unwesentlich beeinflusst. Die verringerte Füllung bedeutet weniger Kompressionsaufwand, zumal der AGR-Massenstrom reduziert wird und das verringerte negative Spülgefälle den Niederdruckwirkungsgrad verbessert. Insgesamt verbleibt der spezifische Kraftstoffverbrauch auf ähnlichem Niveau.

Auf Grund der konstruktiven Unterschiede zwischen den Motoren der ersten Generation nach 4.1.1 und der zweiten Generation nach 4.1.2, bzw. 4.1.3 bezüglich der Ventilhubverläufe und Kanalgeometrien bzw. des resultierenden effektiven Verdichtungsverhältnisses, weist die 2. Motorengeneration vergleichsweise reduzierte Verdichtungsenddrücke und längere Zündverzüge bei gleicher ES-Verstellung auf. Des Weiteren bewirkt das geänderte Ladungswechselverhalten, bzw. die unterschiedliche Zylinderladungsbewegung ein in Summe verbessertes Tradeoffverhalten hinsichtlich Ruß und NO_x, bzw. dem spezifischen Verbrauch an dem betrachteten BP2.

Für weiterführende Betrachtungen zur Wirkweise der variablen Ventilsteuerzeiten auf Ladungswechselkenngrößen und Emissionen am vorliegenden Motorkonzept sei auf [181] verwiesen. Im Rahmen der vorliegenden Arbeit liegt der Fokus hauptsächlich auf dem Wirkeffekt der variablen Ventilsteuerzeiten in Hinblick auf die Energiewandlung alternativer Kraftstoffe.

Abbildung 5-21 zeigt den Einfluss der ES-Strategie auf die Füllung und die Emissionsänderung des Referenzkraftstoffes und der alternativen Kraftstoffe GtL, bzw. dem Blend aus Referenzdiesel- und Ottokraftstoff $CEC/O_{68/32}$ am BP2. Bezugsgrößen der prozentualen Änderungen bei SES sind die Messungen des Frühanschlages für jeden Kraftstoff bei konstanten spezifischen Stickoxidemissionen.

Der maximale Rußminderungseffekt des Zertifizierungskraftstoffes CEC bei mittlerem ES von über 30% wurde bereits anhand der Abbildung 5-20 beschrieben und dient hier dem Vergleich. Qualitativ ähnlich verhält sich der SES-Einfluss bei $CEC/O_{68/32}$, so dass die Rußminderung bei zu später Phasenlage rückläufig ist. Quantitativ ist die maximale Rußminderung von über 50% gegenüber dem Frühanschlag im Vergleich zum Effekt bei CEC erhöht.

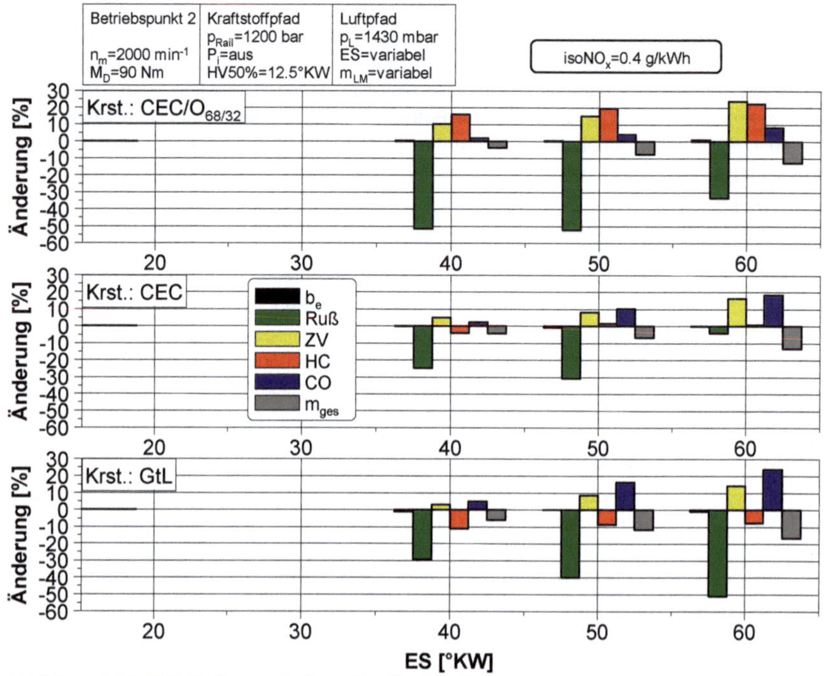

Abbildung 5-21: SES-Einfluss auf alternative Kraftstoffe unterschiedlicher Zündwilligkeit

Begründet werden kann dies mit dem relativ stärkeren Anstieg des Zündverzuges und der damit verbundenen verbesserten Gemischhomogenisierung. Durch SES induzierte Zündverzugssteigerungen bei den vorliegenden Kraftstoffen fallen umso größer aus, je zündunwilliger der Kraftstoff ist.

Moderate Steigerungen des Zündverzuges durch SES weist der zündwillige GtL auf. Dieser unterscheidet sich zudem dadurch, dass maximale Rußminderungsraten von über 50% bei ES-Spätanschlag erreicht werden. Eine darüberhinausgehende Erhöhung der Rußminderung bei weiter verspätetem ES erscheint potentiell als möglich. Die homogenisierende Wirkung der SES-Ventiltriebsstrategie kommt besonders bei GtL zum Tragen, da dieser an dem betrachteten Betriebspunkt und ES-Frühanschlag den höchsten Anteil an diffusivem Energieumsatz aller betrachteten Kraftstoffe aufweist (vgl. Abbildung 5-4) und besonders von einer gesteigerten Gemischhomogenisierung profitiert. Zudem wirkt die hohe inhärente Rußminderungsneigung vorteilhaft bei verringerten Sauerstoffpartialdrücken, wie bei der betrachteten Füllungsreduzierung durch SES kombiniert mit AGR.

Abbildung 5-22 stellt die hinsichtlich des 1/10-Verhältnisses optimalen Ruß-NO_X-Tradeoffverläufe der Standardkraftstoffe im Vergleich zur CEC-Referenz dar. Abbildung 5-23 zeigt diejenigen der Kraftstoffe mit angelagerten Sauerstoffatomen.

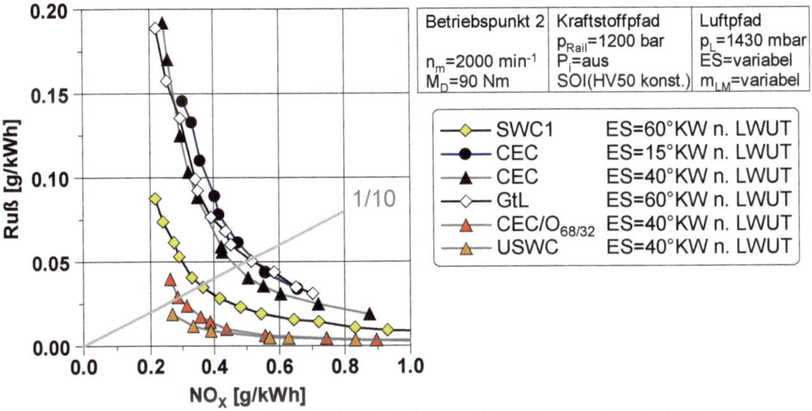

Abbildung 5-22: Ruß-NO_X-Tradeoff von Standardkraftstoffen am BP2 bei hierfür optimalem ES

Auf Basis der Betrachtungen zu Abbildung 5-5 kann unter Verwendung des GtL erst durch den ES-Spätanschlag das 1/10-Tradeoffniveau des Referenzkraftstoffes in ES-Frühstellung erreicht werden. Bei verringertem Stickoxidemissionsniveau auf Grund der AGR-Ratenerhöhung zeigt der GtL durch die zuvor beschriebene Kombination aus ES-Spätanschlag und der hohen inhärenten Rußminderungsneigung das Emissionsniveau des Referenzkraftstoffes bei einem ES von 40°KW n. LWUT.

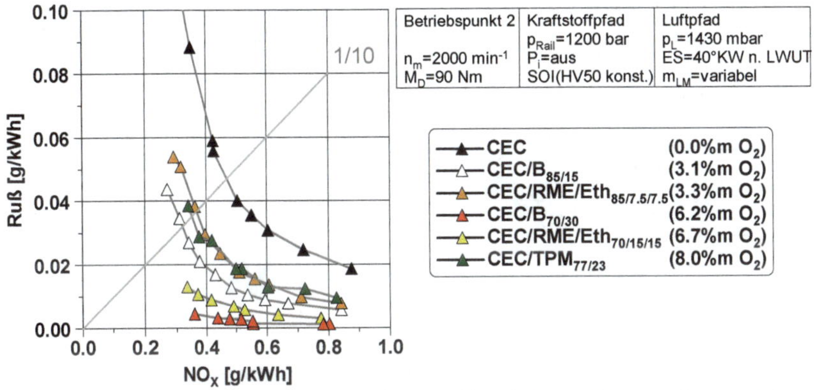

Abbildung 5-23: Ruß-NO_X-Tradeoff sauerstoffhaltiger Kraftstoffe am BP2 bei optimalem ES

Ebenso bedeutet der Spätanschlag für die Verbrennung von SWC1 die optimale Phasenlage. Auf Grund der gegenüber CEC besseren Ausgangsposition nimmt der Emissionsvorteil weiter zu, mit Ausnahme der sich verschlechternden Kohlenwasserstoffemissionen. Für die übrigen Kraftstoffe, die eine ähnliche Zündwilligkeit wie CEC aufweisen, bzw. zündunwilliger sind, bedeuten mittlere ES-Steuerzeiten die jeweils geringsten Ruß-NO_X-Tradeoffniveaus am BP2. Minimale Emissionen werden dabei kraftstoffseitig durch die Kombination aus der Zündunwilligkeit und dem gesteigerten molekularen Kraftstoffsauerstoffanteil erreicht. Für die Energieträger ohne anteiligen Sauerstoff ist die

Rußminderung bei gleichen Werten für Stickoxid maximal für den USWC, wobei die Rußemissionen im realisierbaren Motorbetriebsbereich unterhalb des 1/10-Tradeoffverhältnisses verlaufen. Das maximale Rußminderungspotential wird durch den Butanolblend mit einer Zumischquote von 30 Volumenprozenten erreicht, der durch die Superposition der Einzeleffekte an dem betrachteten Betriebspunkt quasi rußfrei verbrennt.

In Ergänzung zu den Ausführungen in Absatz 5.3.2 werden in Abbildung 5-24 die mit dem SMPS bestimmten Partikelgrößenverteilungen bei früher und später Phasenlage miteinander verglichen. Energieträger ist der Zertifizierungskraftstoff, Versuchsträger der Einzylinderprüfstand nach Absatz 4.1.3. Die motorischen Randparameter entsprechen denen des BP2, jedoch mit konstanter eingebrachter Energiemenge. Analog zu der Diskussion des Partikelemissionsverhaltens mit dem Referenzkraftstoff anhand der Abbildung 5-12 und frühem ES, steigen diese bei einer AGR-Variation auf ein Maximum des Akkumulationsmodus von $4{,}6 \cdot 10^8$ #/cm³ bei einem mittleren Mobilitätsdurchmesser von 55 nm an.

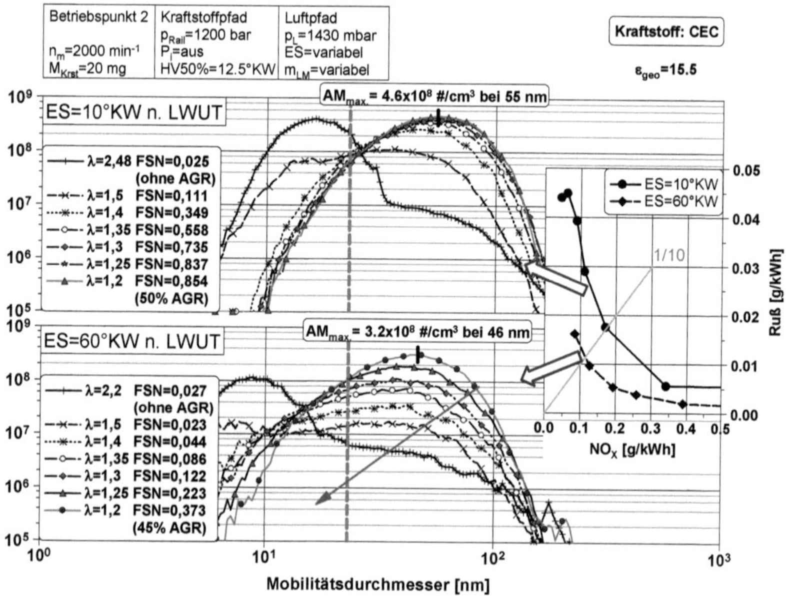

Abbildung 5-24: Partikelemissionen bei einer AGR- und Steuerzeitenvariation (CEC)

Auch für einen späten ES ist die Inertgasanteilerhöhung mit einem Anstieg des Akkumulationsmodus verbunden, wobei der Nukleationsmodus bei ausreichender AGR-Zumessung nicht mehr existent ist. Im Gegensatz zu dem bisher betrachteten Vollmotor der ersten Generation weist der Spätanschlag am Einzylinderprüfling das niedrigste Ruß-NO_X-Tradeoffniveau der Steuerzeitenvariation auf. Auf Grund der konstanten eingebrachten Kraftstoffenergiemenge pro Arbeitsspiel fällt der indizierte Mitteldruck bei der Einzylinderversuchsreihe mit der AGR-Ratensteigerung ab. Die Partikelanzahlen im Maximum des Akkumulationsmodus liegen um über 30% unter denen der ES-Frühposition. Zudem ist die Lage dessen maximaler Erhebung zu kleineren mittleren Mobilitätsdurchmessern hin verschoben. Gerade dieser Sachverhalt unterscheidet den luftpfadseitigen

Wirkmechanismus von einspritzseitigen Eingriffsmaßnahmen, da Einspritzparameter wie eine Spritzbeginnvariation, Vor- und Nacheinspritzung und der Raildruck zwar das Maximum, jedoch weniger die Lage des Akkumulationsmodus beeinflussen [9] [17].
Im Gegensatz zu einspritzseitigen Stelleingriffen bewirkt die VVS-Variabilität eine Verschiebung der Partikelgrößenverteilung in Richtung kleiner Mobilitätsdurchmesser und damit anteilig in den weniger oder nichtreglementierten Bereich.

Wie in Abbildung 5-7 diskutiert, steigen die unvollständig verbrannten Schadstoffemissionen mit der Zündunwilligkeit an. Zündverzugssteigerungen auf Grund der Ventiltriebsstrategien bedeuten vor allem für die Kohlenmonoxide eine kontinuierliche Steigerung bei Spätverstellung des ES. Der Einfluss auf die Kohlenwasserstoffemissionen wird zudem stark von der Ladungsbewegungsintensität beeinflusst, so dass keine klare Trendaussage in Kombination mit den verschiedenen Kraftstoffen zum ES-Einfluss getroffen werden kann. Negativ wirkt sich hier ein zu später ES vor allem auf die Kombination von leichtsiedenden und zündunwilligen Kraftstoffen aus. Im Gegensatz dazu zeigt GtL, zündwillig und relativ hochsiedend, keine gesteigerten Kohlenwasserstoffemissionen.
Der ES-Einfluss auf den spezifischen Verbrauch bei den unterschiedlichen Energieträgern ist vergleichbar, mit leichten Nachteilen für die zündunwilligeren Kraftstoffe. Der Verbrauch steigt für die zündunwilligen Kraftstoffe am vorliegenden BP2 bei spätem ES tendenziell gering an, d. h. maximal um unter 2%.
In Summe werden gegenüber CEC niedrigere Ruß-NO_x-Tradeoffwerte mit den zündunwilligeren Standardkraftstoffen erreicht. Maximale Rußminderungsraten zeigen die zündunwilligen und leichtsiedenden Kraftstoffe mit molekularem Sauerstoffanteil, wobei die Rußminderung tendenziell mit dem H/C_{Eff}-Verhältnis ansteigt. Dies ist jedoch wiederum, vor allem auf Grund der Zündunwilligkeit, mit erhöhten Emissionen unvollständig verbrannter Schadstoffkomponenten verbunden. Die Verbrennung von GtL emittiert die geringsten HC- und CO-Emissionen, der Verlauf von Ruß- und Stickoxidemissionen verbleibt auf einem hohen Niveau. In Relation zu CEC zeigt der TPM-Blend auf Grund der gesteigerten Zündwilligkeit verringerte Emissionen in Hinblick auf HC und CO bei einem verbrauchsneutralen stark verbesserten Ruß-NO_x-Tradeoffverhalten (Abbildung 5-23).

Auch am BP3, also mit erhöhter Motorlast, bewirkt eine ES-Spätverstellung verringerte Verdichtungsenddrücke und einen kontinuierlichen Anstieg des Zündverzuges bei allen Kraftstoffen, analog zu den Betrachtungen des BP2. Abbildung 5-25 stellt die Auswirkung der SES-Strategie auf ausgewählte Parameter unter Verwendung des Zertifizierungskraftstoffs am Vollmotor der ersten Generation dar.

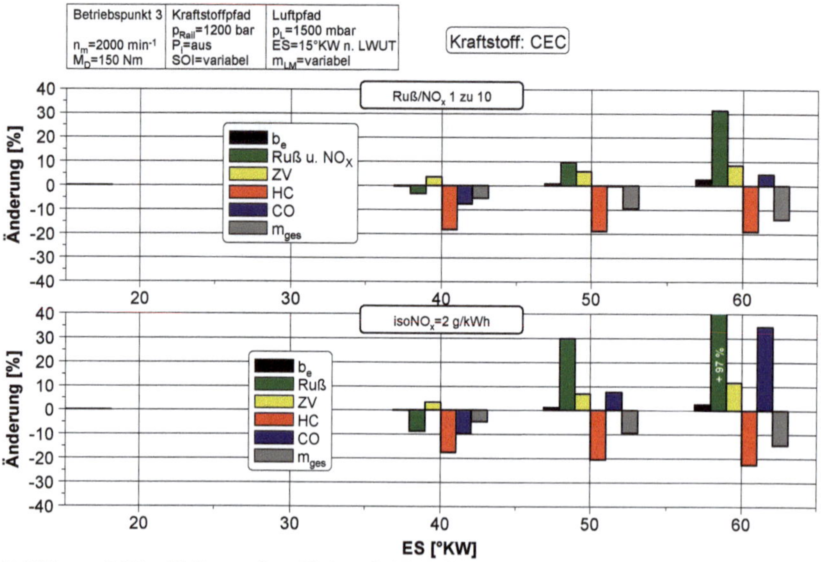

Abbildung 5-25: Einfluss der Einlass-Schließt-Steuerzeit auf ausgewählte motorische Parameter am BP3

Moderate ES-Spätstellungen bedeuten bei einer Betrachtung konstanter Werte für die spezifischen Stickoxid- verringerte Rußemissionen. Im Vergleich zum BP2 ist das Optimum hierfür in Richtung früherer Steuerzeiten, d. h. zwischen Frühanschlag und einem ES unter 40°KW n. LWUT, verschoben.

Für die alternativen Kraftstoffe können Rußminderungen von über 20% durch die ES-Strategie erzielt werden (nicht dargestellt). Eine zu späte ES-Steuerzeit resultiert in ansteigenden Rußemissionen. Wird die Motorfüllung durch das SES zu stark verringert, bedeutet der hohe AGR-Bedarf zum Erreichen der niedrigen Stickoxidemissionen ein niedriges Luftverhältnis, welches zu einer verschlechterten Rußoxidation führt. Die Rußminderungswirkung durch die ES-induzierte Zündverzugssteigerung wird so bei zu späten Phasenlagen durch die globalen Brennraumbedingungen überkompensiert. Ebenso nehmen bei zu späten Phasenlagen erwartungsgemäß die Kohlenmonoxidemissionen zu. Dem verringerten Sauerstoffpartialdruck stehen hinsichtlich der Bildung unvollständig verbrannter Schadstoffkomponenten die gesteigerte Ladungsbewegungsintensität und die erhöhten Massenmitteltemperaturen der verringerten Zylinderladungsmasse im Fall der SES-Strategie entgegen. Für eine moderate ES-Spätverstellung bedeutet dies eine Abnahme des HC- und CO-Emissionsniveaus.

Die absoluten CO-Emissionen sind nahezu unabhängig von den verschiedenen Kraftstoffen, vor allem bei niedrigen Luftverhältnissen. Wie beschrieben steigen die CO-Emissionen bei SES an, wobei die HC-Emissionen auf Grund des gesteigerten Temperaturniveaus auf etwa gleichem Niveau im betrachteten ES-Variationsbereich verbleiben. Sehr späte ES-Zeitpunkte sind mit einem leichten Verbrauchsanstieg verbunden. Die Kohlenwasserstoffemissionen unterscheiden sich kraftstoffindividuell analog zu den vorangegangenen Erläuterungen voneinander. Insgesamt liegen diese Schadstoffemissionen an dem betrachteten

Betriebspunkt jedoch auf einem geringen Niveau. Vor allem die Ruß- und Stickoxidemissionen gilt es daher am BP3 zu minimieren.
Abbildung 5-26 zeigt das Rußminderungspotential ausgewählter alternativer Kraftstoffe bei einem ES=40°KW n. LWUT und jeweils gleichem Stickoxidemissionsniveau.

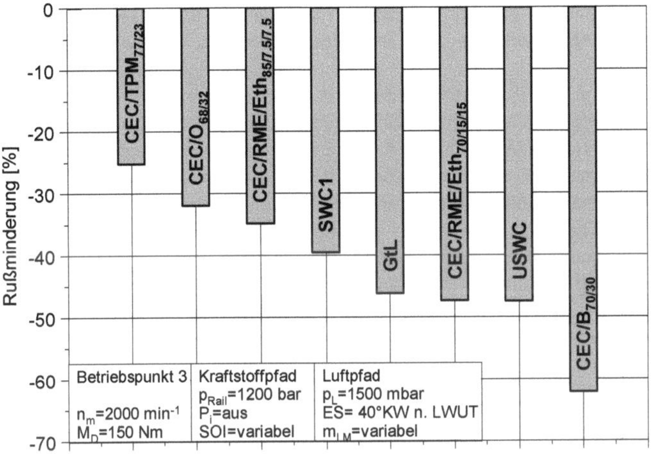

Abbildung 5-26: Rußminderung von alternativen Kraftstoffen gegenüber CEC am BP3 bei ES=40°KW n. LWUT und jeweils gleichem Stickoxidemissionsniveau

Im Gegensatz zum BP2 kommt das höhere inhärente Rußminderungspotential des GtL zum Tragen, so dass gegenüber CEC eine Rußminderung von über 45% erreicht werden kann. Der vorliegende ES ist der Optimale für GtL, so dass dieser gegenüber den anderen Kraftstoffen, wie dem TPM-Blend mit in Relation verringerter inhärenter Rußbildungsneigung, ein höheres Minderungspotential aufweist. Maximale Minderungsraten werden erneut mit dem Butanolmischkraftstoff erreicht. Die ES-Strategie überlagert die kraftstoffseitigen Effekte. Für jeden Kraftstoff existiert also eine optimale Steuerzeit, die in der Applikationsstrategie berücksichtigt werden muss.

5.4.2 Einspritzbeginn

Den bisherigen Betrachtungen lag eine konstante Schwerpunktlage der Energieumsetzung zugrunde. Innerhalb dieses Abschnitts wird die Auswirkung verschiedener Kraftstoffe mit den Parametern variabler ES und unterschiedlichen Schwerpunktlagen durch geänderte Einspritzbeginne (SOI) kombiniert. Die SOI-Variation ist seit vielen Jahren Stand der Technik und deren Auswirkungen auf verschiedenste Parameter des direkteinspritzenden Dieselmotors grundsätzlich bekannt [88].
Eine Spätverstellung des Einspritzbeginns senkt die Stickoxidemissionen durch einen geringeren Anteil der Vormischverbrennung und eine Verlagerung der Verbrennungsphasen weiter in den Expansionstakt, was geringere Brennraumtemperaturen, bzw. verringerte lokale Spitzentemperaturen bedeutet. Dies führt bei einem konventionellen Brennverfahren im Allgemeinen zwar zu verringerten Stickoxid- jedoch auch zu ansteigenden Rußemissionen. Die geringen Temperaturen sind durch die weiter in den Expansionstakt verschobene Kraftstoffumsetzung in Verbindung mit der Einwirkzeit hinderlich für eine

Rußnachoxidation. Wirken die thermodynamischen Randbedingungen im Brennraum der Rußbildung entgegen, kann ein verspäteter Einspritzbeginn auch mit einer Abnahme der Rußemissionen verbunden sein, z. B. bei niedriger Motorlast und geringen Brennraumtemperaturen [22].

Derartige Strategien zur (Teil-)Homogenisierung bzw. zur Niedertemperaturverbrennung sind jedoch meist mit einem Anstieg im Verbrauch und der HC- und CO-Emissionen verbunden. Eine optimale Applikation ist also ein Kompromiss aus den verschiedenen Einflussparametern.

Im Folgenden gilt es diese Kompromissfindung in Kombination mit der zur Verfügung stehenden erweiterten Ventiltriebsvariabilität und der Kraftstoffart zu untersuchen. Alle hier diskutierten Sachverhalte werden auf die Betrachtung mit Haupteinspritzung reduziert. Störeinflüsse bezüglich des Einspritzverhaltens bei Mehrfacheinspritzungen, besonders durch sich unterscheidende Fluideigenschaften können so minimiert werden.

Abbildung 5-27 zeigt die Auswirkung variierender Lagen der Energieumsetzung bei der Verbrennung unterschiedlich zündwilliger Kraftstoffe (USWC, CEC und GtL) am Einzylinderprüfling (Absatz 4.1.3). Die eingebrachte Energiemenge ist für alle Kraftstoffe vergleichbar und entspricht 20 mg Referenzkraftstoff für ein Arbeitsspiel am BP2. Aufgespannt werden die Ruß-NO_x-Tradeoffverläufe wiederum durch eine AGR-Variation.

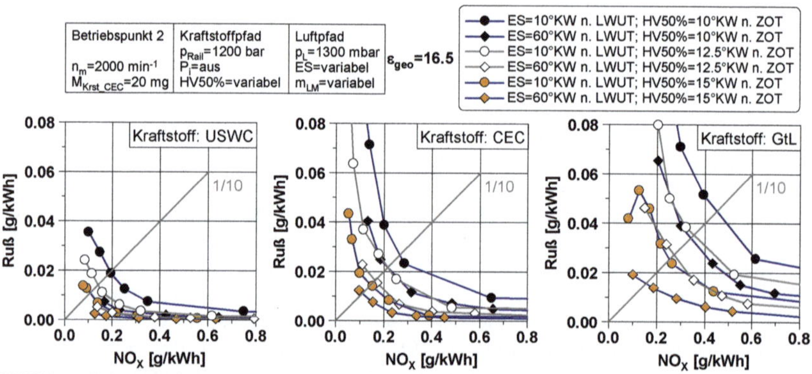

Abbildung 5-27: Auswirkung der ES- und SOI-Variation auf alternative Kraftstoffe

Das vorliegende Last- und Drehzahlniveau des BP2 bedeutet aus den oben genannten Gründen eine Verbesserung des Tradeoffs mit der Verschiebung der Heizverlaufsschwerpunktlage nach spät. Analog zu Absatz 5.4.1 bewirkt eine Spätverstellung des ES ebenfalls eine Verbesserung. In dem vorliegenden Fall mindert eine Phasenspätverstellung um 50°KW etwa gleichartig das Ruß-NO_x-Tradeoffniveau wie eine SOI-bedingte HV50%-Spätverschiebung um 2,5°KW. Minimale Stickoxidemissionen können mit der ES-Strategie deswegen nicht erschlossen werden, da der zumischbare AGR-Anteil durch die Füllungsreduzierung, gerade bei dem hier vorliegenden relativ niedrigen Ladedruckniveau von 1300 mbar, begrenzt ist. Im direkten Vergleich identischer spezifischer Stickoxidemissionen bietet der SES gegenüber der Schwerpunktlagenvariation jedoch Vorteile bezüglich der HC- und CO-Emissionen und im spezifischen Verbrauch. Beide Effekte sind miteinander kombinierbar, so dass dadurch das vergleichsweise niedrigste Tradeoffniveau realisierbar ist. Zurückgeführt werden kann dieses niedrige Tradeoffniveau wiederum hauptsächlich auf den gesteigerten Homogenisierungsgrad. Dieser steigt weiter mit der Zündunwilligkeit des Kraftstoffes an. Durch die Superposition der Einzeleinflüsse wird so mit dem USWC eine nahezu rußfreie Energieumsetzung ermöglicht. Dies ist wiederum mit einem Verbrauchs- und CO- sowie HC-Anstieg gekoppelt.

Am Vollmotor der ersten Generation werden zur Einflussgrößen-Bewertung jeweils gleiche Ruß- und Stickoxidemissionen am BP2 diskutiert. Die Schwerpunktlage der Energieumsetzung wird nicht über eine Spritzbeginnverstellung angepasst. Aus den vorangehenden Ausführungen ist das Emissionsverhalten des GtL für den BP2 bekannt, d. h. eine Verschlechterung des PM-NO_X-Tradeoffs gegenüber zündunwilligeren Kraftstoffen auf Grund höherer Anteile diffusiver Kraftstoffumsetzung. Zur Optimierung der Verbrennung derart zündwilliger Energieträger bietet sich eine Steigerung des Homogenisierungsgrades an, wofür die SES-Strategie wiederum erfolgreich genutzt werden kann (vgl. Abbildung 5-22). Mit konstantem Einspritzbeginn von SOI=-1°KW n. ZOT bewirkt der ES-Spätanschlag eine Verbesserung des Tradeoffverhaltens auf das Niveau des Referenzdiesels in ES-Frühposition. Bei identischen Werten für Ruß- und Stickoxidemissionen im Verlauf der AGR-Variation zeigt Abbildung 5-28 zugehörige charakteristische Verläufe aus der Druckverlaufsanalyse, ausgehend von der ES-Frühposition für jeden Kraftstoff.

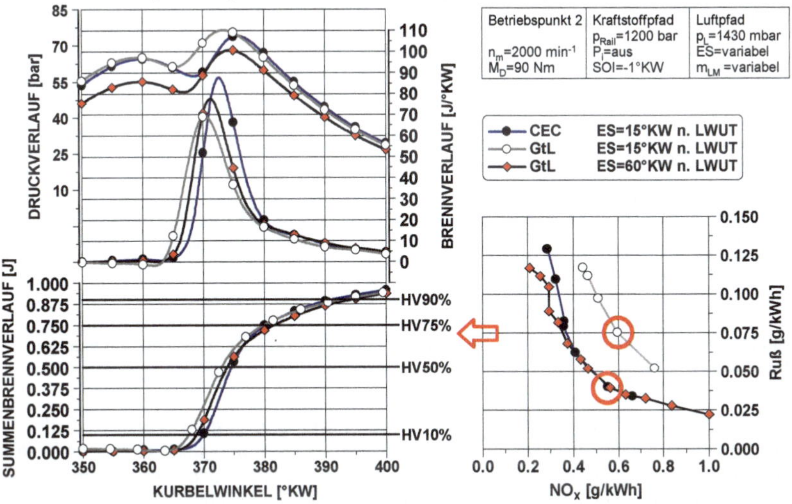

Abbildung 5-28: Brennverhalten von GtL gegenüber CEC bei gleichen Emissionen für Ruß und NO_X

Unter vergleichbaren thermodynamischen Randbedingungen gegen Verdichtungsende zündet der GtL in Relation zu CEC erwartungsgemäß eher und zeigt auch eine frühere Schwerpunktlage der Energieumsetzung. Auf Grund der SES-Strategie erfolgt auf einem verringerten Zylinderdruckniveau eine Verlängerung des Zündverzuges. Daraus folgen ein gesteigerter Homogenisierungsgrad, sowie ein steilerer Druckanstieg und eine verspätete Schwerpunktlage der Energieumsetzung. Sowohl die Schwerpunktlage, als auch der Brennverlauf nähern sich den Werten des CEC an. Da der SES, in dem betrachteten Variationsbereich, bei GtL den Verbrauch sowie die HC- und CO-Emissionen nur gering beeinflusst, verbleibt mit diesem Kraftstoff in den genannten Punkten ein Vorteil gegenüber CEC, ohne Nachteil im Ruß-NO_x-Tradeoff. Die oben beschriebene Steigerung der

Homogenisierung unter Ausnutzung dieser Vorteile bietet die Möglichkeit, das Tradeoffverhalten des GtL gegenüber dem Referenzkraftstoff weiter zu verbessern.

Wird die zuvor durchgeführte Strategiekombination aus den motorischen Einflussgrößen ES-Variabilität, AGR und SOI auf den Kraftstoff CEC angepasst, bewirkt dies ebenso eine Verbesserung des Ruß-NO_x-Tradeoffverhaltens. Der Referenzkraftstoff zeigt gegenüber zündunwilligeren Energieträgern wiederum ein erhöhtes Emissionsniveau bei gleichen motorischen Randbedingungen (vgl. Abbildung 5-5). Den Tradeoffverlauf für CEC bei einer AGR-Variation und einem SES von 50°KW n. LWUT sowie einer verspäteten 50%-Lage des integralen Heizverlaufs gegenüber dem zündunwilligen CEC/$O_{68/32}$ in ES-Frühstellung und konstanter Schwerpunktlage der Energieumsetzung zeigt die Abbildung 5-29.

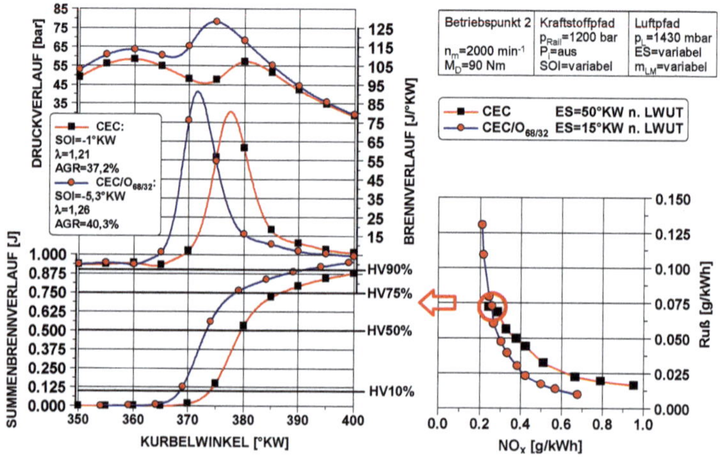

Abbildung 5-29: Brennverhalten von CEC/$O_{68/32}$ gegenüber CEC bei gleichen Emissionen für Ruß und NO_X

Die Kurvenverläufe schneiden sich bei einem Stickoxidemissionsniveau von ca. 0,25 g/kWh. Diese Strategiekombination führt für den CEC zu einer homogenisierter ablaufenden Verbrennung gegenüber den Basisparametern. Eine Betrachtung der Zylinderdruck-auswertung zeigt für den CEC/$O_{68/32}$ bereits ohne SES eine gegenüber CEC vergleichbare Zündverzugszeit durch das Brennverhalten des Kraftstoffes selbst. Der rasche Energieumsatz bei höherem effektivem Verdichtungsverhältnis und die relativ zu CEC frühere Schwerpunktlage führen zu einem spezifischen Verbrauchsvorteil von etwa 5% für den CEC/$O_{68/32}$. Zudem liegen die HC- und CO-Emissionen aus diesen Gründen auf einem ähnlichen Niveau.

Eine optimierte Verbrennung alternativer Kraftstoffe erfordert geeignete motorische Strategien und Kompromisslösungen. Das Zündverhalten eines Kraftstoffes selbst ist eine konstruktive Größe, also kein variabler Einflussparameter im Betrieb. Die Beeinflussung des Zündverhaltens ist durch ausgewählte motorische Parameter möglich. Eine variable Ventilsteuerung in Kombination mit dem schnellen Einspritzpfad bietet das Potential zur zyklengetreuen Anpassung des Zündverhaltens entsprechend der konstruktiven, regelungstechnischen bzw. brennverfahrenstechnischen Grenzen. Die Regelung und Abstimmung der Stellglieder untereinander ist eine Herausforderung.

Erste Schritte zu einem derartig geregelten Motor leistet das zylinderdruckgeführte Motormanagement. Eine Erweiterung könnte die Kombination mit einer emissionsgeführten, bzw. modellbasierten Strategie bieten.

5.4.3 Einspritzdruck

Die Rußbildungstendenz zu Beginn der Verbrennung steigt mit dem Einspritzdruck an, da sich hiermit auch die Einspritzrate und somit die eingebrachte Kraftstoffmasse pro Zeiteinheit vergrößert. Ein weiterer Effekt des erhöhten Druckes ist jedoch auch eine bessere Durchmischung mit der Brennraumladung und eine Verkleinerung des mittleren Tropfendurchmessers, so dass die Aufbereitungsbedingungen und die Oxidationsreaktionen begünstigt werden. In Summe ergibt sich eine Senkung der Rußemissionen bei erhöhtem Einspritzdruck. Im Gegensatz hierzu haben die besseren Oxidationsbedingungen auch einen Anstieg der Stickoxidkonzentration des Abgases zur Folge. Das wirksamste Mittel zur Minimierung dieser ist die Abgasrückführung, so dass nur die Kombination aus AGR und Einspritzdruckerhöhung sinnvoll ist. Eine Optimierung des Ruß-NO_x-Tradeoffs durch eine derartige Parameterkombination ist begrenzt, zumal deren Realisierung im Allgemeinen mit einer Einspritzmengenerhöhung für ein gleichbleibendes Lastniveau verbunden ist, welche wiederum den Abstand zur Rußgrenze verringert, bzw. die AGR-Zumischbarkeit reduziert.
Im folgenden Abschnitt wird daher das Potential zur Tradeoffoptimierung durch eine Kombination aus Einspritzdruckerhöhung und variablem ES sowie alternativen Kraftstoffen untersucht. Das Verhalten von Kraftstoffen unterschiedlicher Zündwilligkeit, GtL und USWC (vgl. Tabelle 5-1), unter Verwendung der zuvor beschriebenen Verfahrensweise gegenüber dem Referenzkraftstoff zeigt die Abbildung 5-30. Die einzelnen Messpunkte, Prüfling ist der Vollmotor (Absatz 4.1.1), leiten sich aus einer schrittweise durchgeführten AGR-Anhebung bis auf etwa 40% am BP2 ab. Der Ansteuerbeginn der Blockeinspritzung wird so gewählt, dass sich eine konstante 50%-Lage des integralen Heizverlaufes ergibt. Betrachtet wird die Auswirkung der Einspritzdruckerhöhung um 500 bar auf maximal 1750 bar. Unter den vorherrschenden Randbedingungen weist der ES=40°KW n. LWUT das geringste Ruß-NO_x-Tradeoffniveau für alle Kraftstoffe auf und ist daher exklusiv dargestellt.

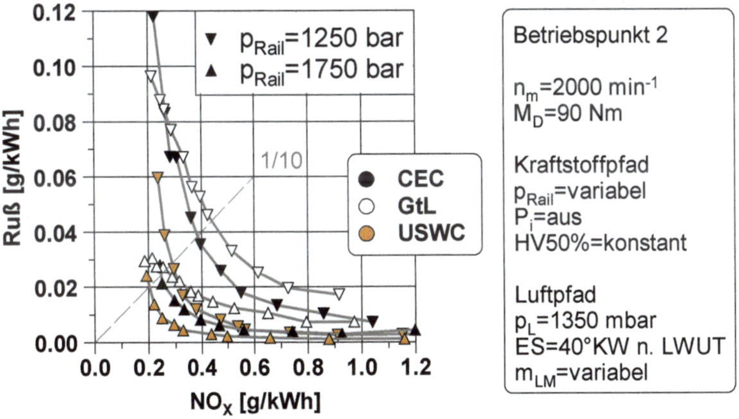

Abbildung 5-30: Ruß-NO_x-Tradeoffverhalten alternativer Kraftstoffe bei unterschiedlichen Einspritzdrücken

Alle Kraftstoffe zeigen auf jeder Raildruckstufe das bekannte Tradeoffverhalten zwischen Ruß und NO_x. Mit der Zündwilligkeit des Kraftstoffes erhöht sich das Tradeoffniveau auf Grund des gesteigerten diffusiven Brennstoffumsatzes. Dies gilt für alle untersuchten Raildrücke bis maximal 1750 bar, jedoch mit Ausnahme maximaler AGR-Raten. Analog zu der Betrachtung von Abbildung 5-22 nimmt die Rußbildung des GtL bei ansteigendem Inertgasanteil auf Grund der verringerten inhärenten Rußbildungsneigung vergleichsweise weniger stark zu. Für maximale AGR-Raten, also minimale Stickoxidemissionen bedeutet dies zu CEC vergleichbare Ruß- und NO_x-Emissionen. In Tabelle 5-3 sind die Schadstoffemissionen und der heizwertkorrigierte spezifische Verbrauch, bezogen auf die Werte des CEC und einem Einspritzdruck von 1250 bar, ersichtlich. Aus den oben genannten Gründen bewirkt eine Raildruckanhebung für alle Kraftstoffe eine Verbesserung des Tradeoffverhaltens durch die Rußminderung.

Bei konstantem Verhältnis der spezifischen Emissionen von Ruß zu NO_x von Eins zu Zehn liegen die Tradeoffergebnisse des USWC bereits um 25% unter dem CEC-Referenzniveau, jeweils mit niedriger Raildruckstufe. Durch die Raildruckanhebung kann diese Reduktion auf einen Wert von 47% erweitert und somit das minimale Ruß- und Stickoxidniveau erschlossen werden. Dies wird jedoch mit maximalen Werten der CO- und HC-Emissionen, sowie einem heizwertkorrigiertem Verbrauchsanstieg um 7% erkauft. Begründet werden kann dies mit der hierbei vorliegenden vergleichsweise hohen AGR-Rate und dem gesteigerten Antriebsleistungsbedarf der Kraftstoffhochdruckpumpe, bzw. der daraus resultierenden Einspritzmengenanhebung.

Eine Betrachtung gleicher Stickoxidemissionen von NO_x=0,4 g/kWh und damit für alle Kraftstoffe ähnlicher AGR-Level, zeigt für den Kraftstoff USWC einen etwa siebenprozentigen Verbrauchsnachteil bei maximalem Einspritzdruck. Durch den hierbei vorliegenden höheren global verfügbaren Sauerstoffanteil im Brennraum, gegenüber der vorangehenden Iso-Tradeoffbetrachtung, fällt die relative Rußminderung mit 90% noch höher aus. Eine Raildruckerhöhung bewirkt kraftstoffindividuell betrachtet eine CO-Minderung auf Grund des verbesserten Gemischaufbereitungszustands. Die Minderung fällt höher aus, je zündunwilliger der Grundkraftstoff ist. Für den zündwilligsten, GtL, ist keine CO-Emissionsverbesserung mehr feststellbar. Spezifische HC-Emissionen verbleiben innerhalb des betrachteten Raildrucksteigerungsbereiches für alle Kraftstoffe auf etwa gleichem Niveau, da sich die Effekte, verbesserte Gemischaufbereitung und gesteigerte Einspritzmasse, kompensieren. Quantitativ zeigt also der GtL die geringsten Emissionen von unvollständig verbrannten Schadstoffbestandteilen.

Parameter bei ES=40°KW n. LWUT bzgl. CEC (p_{Rail}=1250bar); (1/10) PM/NO_X-Schnittpunkte						
Kraftstoffe	Raildruck	NO_X	Ruß	HC	CO	$b_{e\ korr}$
-	bar	%	%	%	%	%
USWC	1250	-25	-25	78	32	4
GTL	1250	15	15	-46	-44	-1
CEC	1750	-35	-35	3	0	4
USWC	1750	-47	-47	97	72	7
GTL	1750	-31	-31	-35	-19	3
Parameter bei ES=40°KW n. LWUT bzgl. CEC (p_{Rail}=1250bar); iso-NO_X=0.4 g/kWh						
Kraftstoffe	Raildruck	NO_X	Ruß	HC	CO	$b_{e\ korr}$
-	bar	%	%	%	%	%
USWC	1250	konstant	-69	71	14	3
GTL	1250	konstant	48	-49	-42	0
CEC	1750	konstant	-78	4	-15	2
USWC	1750	konstant	-90	74	3	7
GTL	1750	konstant	-53	-41	-40	1
Farbgebung		Optimum	Pessimum			

Tabelle 5-3: Ruß-NO_x-Tradeoffverhalten alternativer Kraftstoffe bei unterschiedlichen Einspritzdrücken

Die Kombination von Einzeleinflüssen der Parameter Kraftstoff, AGR, variable Ventilsteuerzeiten und Einspritzdruckerhöhung ermöglicht eine Energiewandlung auf niedrigstem Stickoxid- und Rußniveau. Der hierzu benötigte Einspritzdruck von 1750 bar in dem betrachteten Betriebspunkt ist mit modernen Einspritzsystemen einfach realisierbar, da diese in der Serienanwendung bereits Drücke von über 2000 bar ermöglichen. Begrenzend für eine Fahrzeuganwendung sind die Druckgradienten, welche auch bei maximalen AGR-Raten 4 bar/°KW übersteigen und so hohe Geräuschemissionen verursachen. Mit einem geringeren Einspritzdruckbedarf sinken die Geräuschemissionen und tragen so zu einer realistischen Anwendbarkeit dieser Brennverfahrensstrategie, bzw. Ausweitung der teilhomogenen Betriebsweise bei. Des Weiteren ist von einer erhöhten Lebensdauer vor allem der Einspritzkomponenten auf Grund des verringerten Druckniveaus auszugehen. Eine Strategieerweiterung um sauerstoffhaltige Energieträger erschließt weiteres Rußminderungspotential, bzw. verringert den Einspritzdruckbedarf für eine quasi rußfreie Verbrennung.

5.4.4 Ladedruck

Eine Variation des Ladedrucks am Vollmotor (Generation 1 – Absatz 4.1.1) wird zunächst ausschließlich für den Zertifizierungskraftstoff am BP2 diskutiert. Auf Basis des hier bisher überwiegend betrachteten Ladedruckniveaus von 1430 mbar erfolgt eine Absenkung auf 1300 mbar, bzw. eine Steigerung auf 1600 mbar. Die 50%-Lage des integralen Heizverlaufs wird mit einer Ansteuerbeginnanpassung der Blockeinspritzung über der ND-AGR-Variation konstant gehalten. Am Einzylinderderivat findet eine gleichartige Ladedruckvariation mit konstanter eingebrachter Energiemenge in Anlehnung an den BP2 statt, welche die Vollmotorbetrachtungen grundsätzlich bestätigt und zudem Variationen über die vollmotorischen Grenzen hinaus zulässt.

Da die Saugrohrtemperatur bei konstantem ES durch die geregelte Ladeluftkühlung vergleichbar ist, bedeutet der gesteigerte Ladedruck eine erhöhte Zylinderfüllung. Die

Füllungsminderung durch die SES-Strategie kann durch die Ladedruckanhebung kompensiert werden.
Der Verdichtungsenddruck steigt mit der Zylinderfüllung, d. h. die Zündbedingungen werden verbessert, was eine Verkürzung des Zündverzugs bewirkt. Durch den kurzen Zündverzug nimmt der Anteil vorgemischter Verbrennung ab, was sich negativ auf die Rußbildung auswirkt (Abbildung 5-31). Zwar steigt mit dem Saugrohrdruck der Sauerstoffgehalt der Ladungsmasse, was über ein erhöhtes globales Luftverhältnis die resultierenden Rußemissionen durch verbesserte Oxidationsbedingungen reduziert, jedoch erfordert das so gesteigerte Stickoxidemissionsniveau kompensierende Maßnahmen. Für gleiche Stickoxidemissionen ist in dem vorliegenden Fall eine Steigerung der AGR-Rate notwendig, auch wenn die saugrohrseitige Kühlung die Prozessstarttemperaturen mindern, bzw. konstant halten kann. Niedrigste Stickoxide werden am Vollmotor mit dem geringsten Ladedruckniveau innerhalb der betrachteten Variationsgrenzen erreicht (Abbildung 5-31). Für identische spezifische Stickoxidemissionen bedeutet die Ladedrucksteigerung um 300 mbar eine zusätzliche AGR-Ratensteigerung um Sechs Prozentpunkte. Erhöhte ND-AGR-Raten erfordern ein entsprechend angehobenes treibendes Druckverhältnis zwischen Einlass- und Auslasspfad, welches durch Androsseln des Abgasmassenstromes bereitgestellt wird. Zur Ladedrucksteigerung erfolgt zudem eine Anstellung der VTG, so dass eine stickoxidneutrale Ladedruckanhebung insgesamt mit einem Abgasgegendruckanstieg verbunden ist, was wiederum eine Erhöhung des Verbrauchs bewirkt. Um der konstanten Momentenanforderung gerecht zu werden, ist eine Einspritzmassensteigerung notwendig. Die Ladedruckanhebung bietet daher bei stark erhöhten AGR-Raten keine Vorteile mehr hinsichtlich der HC- und CO-Emissionen.
Das Ruß-NO_x-Tradeoffverhalten verschlechtert sich also an dem betrachteten Betriebspunkt insgesamt mit gesteigertem Ladedruck (Abbildung 5-31). Nicht dargestellt sind aus Gründen der Übersichtlichkeit die Kurvenverläufe bei einem Ladedruckniveau von 1430 mbar, welches in den bisherige Referenzbetrachtungen diskutiert wurde (vgl. Abbildung 5-22). Dieses ordnet sich zwischen den hier dargestellten Druckniveaus ein.

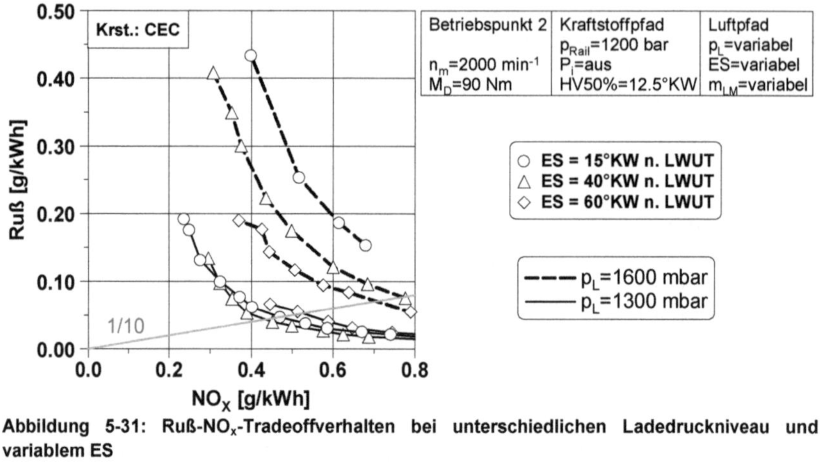

Abbildung 5-31: Ruß-NO_x-Tradeoffverhalten bei unterschiedlichen Ladedruckniveau und variablem ES

Es ist festzuhalten, dass an dem betrachteten Betriebspunkt des Vollmotors ein tendenziell geringerer Aufladegrad in Kombination mit mittlerer Einlass-Schluss-Position optimal

hinsichtlich der Emissionen und des Verbrauchs ist. Eine weitere Absenkung des Ladedruckes führt auf Grund der verschlechterten Oxidationsbedingungen zu einem Anstieg der Ruß-, HC- und CO-Emissionen. Diese Nachteile könnten durch die Entdrosselung der Abgasrückführstrecken teilweise gemindert werden.
Die Kombination aus dem geringen Ladedruckniveau von 1300 mbar und ES-Spätanschlag zieht hier einen gegenüber der unverstellten Steuerzeit verschlechterten Tradeoffverlauf nach sich. Invers verhält es sich bei dem höchsten innerhalb der Variation betrachteten Saugrohrdruckniveau, d. h. der späteste ES zeigt den für diesen Fall niedrigsten Ruß-NO_x-Tradeoff. ES-Frühanschlag und hoher Ladedruck bedeutet hier also eine relative Verschlechterung. Die Auswirkungen einer Ladedrucksteigerung in Kombination mit einem variablen ES auf die Zielgrößen Emissionen und Verbrauch sind stark betriebspunktabhängig und werden bestimmt von der Interaktion zwischen Verdränger- und Strömungsmaschine. Generalisierte Aussagen zur Ladedruckauswirkung, bzw. zur optimalen ES-Steuerzeit sind daher nur begrenzt universell anwendbar.
Die auf Grund der Drucksteigerung erhöhte Frischladungsmasse mindert bei der Verbrennung von USWC die HC-Emissionen (nicht dargestellt). Bei konstantem Stickoxidemissionsniveau können diese um bis zu 40% gegenüber dem niedrigen Saugrohrdruckniveau reduziert werden. Die ES-Auswirkung entspricht sonst grundsätzlich derjenigen mit dem Referenzkraftstoff beobachteten. Eine Ladedrucksteigerung gegenüber dem Ausgangsniveau mit den vorliegenden Betriebspunktrandbedingungen verschlechtert also grundsätzlich das Ruß-NO_x-Tradeoffverhalten und ist mit einer Verspätung des optimalen ES-Schließtzeitpunktes verbunden.
Graphisch nicht dargestellt sind die Tradeoffverläufe von CEC mit geringem und von USWC mit gesteigertem Ladedruckniveau, jeweils bei einem mittleren ES von 40°KW n. LWUT, welche über der AGR-Variation deckungsgleich verlaufen. Dieser gleichartige Tradeoffverlauf bedeutet trotz der Ladedruckanhebung für die Versuchsreihe mit dem Kraftstoff USWC gegenüber CEC gesteigerte HC- und CO-Emissionen und einen Verbrauchsanstieg um ca. Acht Prozent. Jedoch führt die Ladedrucksteigerung kraftstoffindividuell zu einer Stabilisierung der Verbrennung, d. h. verringerten Standardabweichungen der relevanten Brennverlaufsparameter. Gerade für den zündunwilligen USWC führt dies also bei niedrigen Lasten zur Laufverbesserung und zu einem niedrigeren Ausstoß der Kohlenwasserstoffemissionen. Eine Erhöhung des Aufladegrades zur Darstellung von Vielstoffmotoren stellt also neue Herausforderungen an das Aufladesystem.
Abbildung 5-32 zeigt anhand von Einzylinderuntersuchungen am BP2 die Auswirkung der Parameterkombination Ladedruck, ES und AGR auf den Zündverzug.

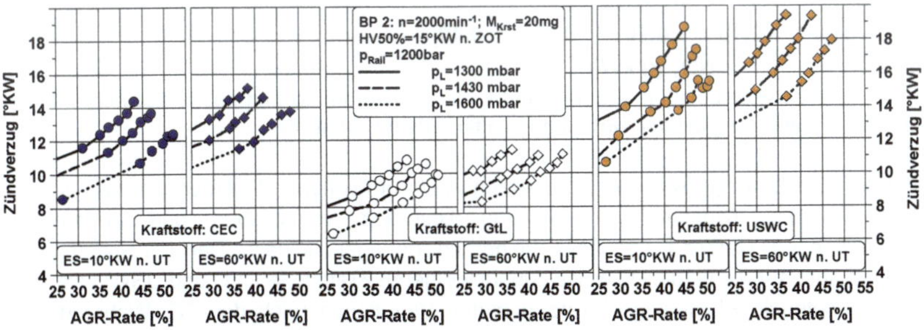

Abbildung 5-32: Ladedruck-, ES- und AGR-Einfluss auf das Zündverzugsverhalten alternativer Kraftstoffe am Einzylinderprüfling

Einspritzdruck und heizwertkorrigierte Einspritzmasse, sowie die relativ späte Heizverlaufsschwerpunktlage (vgl. Absatz 5.4.2) sind während der Variation konstant. Die motorischen Einflussparameter wirken für alle Kraftstoffe qualitativ gleichartig auf das Zündverzugsverhalten, nur entsprechend der Einzelzündwilligkeiten auf unterschiedlichem absolutem Niveau. Wird eine konstante AGR-Rate betrachtet, bedeutet eine Ladedrucksteigerung eine Verkürzung des Zündverzuges. Obwohl basierend auf Abbildung 5-21 zur Ruß-NO_x-Tradeoffminimierung des GtL eine weitere Zündverzugsverlängerung sinnvoll erscheint, bietet die Steigerung des Ladedruckes ein Emissionsminderungspotential auch für zündwillige Kraftstoffe. Hierbei ist die hohe AGR-Verträglichkeit nutzbar, um die Stickoxid-Partikelschere aufzubrechen. Denn auf Grund der Ladedruckanhebung sind auch insgesamt höhere maximale AGR-Raten darstellbar, welche die Zündverzugsverkürzung teilweise kompensieren. Dies kann mit der gesteigerten Zylinderladungsmasse begründet werden, welche für ein gleiches Verbrennungsluftverhältnis eine Steigerung der rückgeführten Inertgasmasse ermöglicht. Bei der vorliegenden konstanten eingebrachten Energiemenge ist die spezifische Wärmekapazität der Zylinderladung größer, so dass das Temperaturniveau während der Energieumsetzung auch lokal verringert ist. Daher wird der nötige Temperaturbereich zur Rußbildung teilweise unterschritten. Analog zu der Diskussion zur Abbildung 5-13 wird die Schwelle zum Einsetzen dieser Niedertemperaturverbrennung (LTC) offenbar durch Kraftstoffe mit geringer inhärenter Rußbildungsneigung wie GtL herabgesetzt. Während bei dem relativ niedrigen Ladedruck von 1300 mbar (Abbildung 5-27) derartige Brennverfahrenstendenzen nur ansatzweise für GtL erkennbar sind, ist die Niedertemperaturverbrennung bei erhöhtem Ladedruck und damit gesteigerten maximalen AGR-Raten deutlich ausgeprägt (Abbildung 5-33).

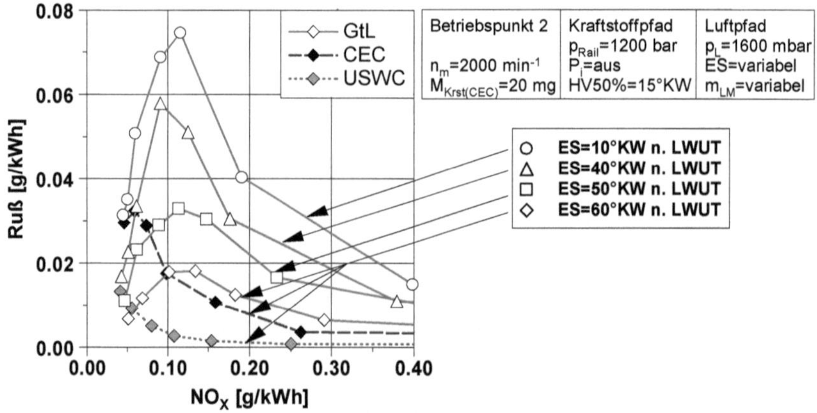

Abbildung 5-33: Kombination aus SES und Ladedruckerhöhung und später Schwerpunktlage der Energieumsetzung bei der Verbrennung alternativer Kraftstoffe

Über die SES-Strategie kann der Zündverzug wiederum verlängert werden, so dass sich die Tradeoffverläufe insgesamt in Richtung Ursprung verschieben und zudem die Rußüberhöhung während der AGR-Steigerung geringer ausfällt. Der ES-Spätanschlag bedeutet auch für die vergleichsweise zündunwilligeren Kraftstoffe CEC und USWC die Ruß- und NO_x-optimale Phasenlage im betrachteten Variationsbereich des ES. Während CEC Tendenzen zur LTC zeigt, sind diese bei USWC entsprechend der hohen kraftstoffeigenen

Rußbildungsneigung hier nicht erkennbar. Über die LTC-Verbrennung kann so auch mit GtL das minimale Tradeoffniveau des USWC erschlossen werden und zwar bei verbesserten Kohlenwasserstoffemissionen und einem verbleibenden spezifischen Verbrauchsvorteil. Ein weiterer positiver Effekt ist bei der LTC-Verbrennung des GtL, dass die maximalen Zündverzüge gegenüber den zündunwilligeren Kraftstoffen stark verkürzt sind. Somit ergibt sich eine engere Kopplung zwischen Einspritz- und Brennbeginn, was sich potentiell vorteilhaft auf die technische Umsetzbarkeit auswirkt.
Eine weitere Absenkung des Verdichtungsverhältnisses, über den im Rahmen dieser Arbeit möglichen ES-Verstellbereich hinaus, bietet gerade für den sehr zündwilligen Kraftstoff GtL das Potential, den Ruß-NO_x-Tradeoff darüberhinausgehend zu verbessern.

5.4.5 Geometrisches Verdichtungsverhältnis

Neben der Variation des effektiven Verdichtungsverhältnisses durch den variablen ES erfolgen Untersuchungen in Kombination mit einem über die Kolbenmuldengeometrie abgesenkten geometrischen Verdichtungsverhältnis am Einzylinderprüfstand (vgl. 4.1.3). In Ergänzung werden jeweils in drei Stufen Ladedrücke (1300, 1430 und 1600 mbar) und die Schwerpunktlagen des integralen Heizverlaufs (10, 12,5 und 15°KW n. ZOT) analog zu den Abschnitten 5.4.2 und 5.4.4 verändert.
Abbildung 5-34 zeigt exemplarisch die Auswirkung der Verdichtungsabsenkung von ε_{geo}=16,5 auf ε_{geo}=15,5 auf den Ruß-NO_x-Tradeoff und den spezifischen Verbrauch bei einer AGR-Variation unter Verwendung von Referenzkraftstoff. Die Heizverlaufsschwerpunktlage liegt konstant bei HV50%=12,5°KW n. ZOT.

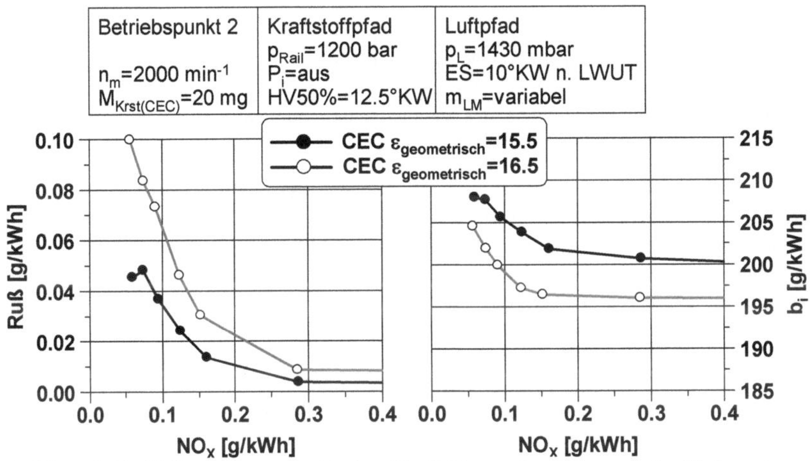

Abbildung 5-34: Einfluss der geometrischen Verdichtungsabsenkung auf den Verbrauch und den Ruß-NO_x-Tradeoff

Durch die Verdichtungsabsenkung kann das Ruß-NO_x-Tradeoffniveau bis über 50% gesenkt werden. Geringere Verdichtungsenddrücke führen zu einem unterschiedlichen Druck- und Temperaturverlauf im Zylinder bzw. zu einer Zündverzugsverlängerung und damit einer verbesserten Gemischhomogenisierung. Wie zu erwarten wirkt sich die geometrische Verdichtungsabsenkung bei der vorliegenden konstanten Schwerpunktlage der Energieumsetzung negativ auf den spezifischen indizierten Kraftstoffverbrauch aus, welcher um ca. 3% ansteigt. Ebenso kann eine Erhöhung der CO- und HC-Emissionen beobachtet werden.

Weiterer Einflussfaktor der im Rahmen dieser Arbeit durchgeführten Variation ist auch der geänderte Brennraum selbst. Daher sind die quantifizierten Ergebnisse nicht nur der Verdichtungsabsenkung allein zuzuschreiben. In Ergänzung zu einer konstanten Schwerpunktlage der Energieumsetzung für beide Varianten des ε_{geo}, kann über den verringerten Verdichtungsenddruck eine Frühverstellung der HV50%-Lage auf gleichen Spitzendruck vorgenommen werden. Hierdurch kann der Verbrauchsnachteil reduziert werden, jedoch schwindet der Tradeoffvorteil. Ein quantitativer Vergleich der genannten Strategie vor allem in Bezug auf die Zielgröße Verbrauch ist, da im Bereich von ca. 1% und damit innerhalb der Messtoleranzen, am vorliegenden Einzylinderprüfstand nicht praktikabel.
Daher werden in Form der Tabelle 5-4 die Parameterkombinationen aus den beiden Stufen des geometrischen Verdichtungsverhältnisses und den motorischen Stellparametern HV50%-Lage, ES und Ladedruck qualitativ in Hinblick auf den Tradeoff zwischen den Stickoxiden und den weiteren Emissionen sowie dem Verbrauch bewertet.

ES-Optima (**FETT**) für PM-NO_x und b_i-NO_x in °KW n. GUT (2000 1/min; 20 mg)										
Parameter	Ladedruck (mbar)	1300			1430			1600		
	HV50% in °KW	10	12.5	15	10	12.5	15	10	12.5	15
	Epsilon geo.									
PM-NO_x	16.5	45	45	45	45	45/60	45	60	60	60
	15.5	**30**	**30/45**	**30**	**30/45**	**30/45**	**30/45**	**60**	**60**	**60**
b_i-NO_x	**16.5**	**30/45**	**45**	**45**	**45**	**45/60**	**45**	**45**	**45/60**	**45**
	15.5	30	30	30	30	30/45	30/45	30	30	30
HC-NO_x	**16.5**	**30**	**30**	**30**	**30**	**45**	**45**	**45**	**45**	**45**
	15.5	30	30/45	45	45	45	45	30	30	30
CO-NO_x	**16.5**	**30/45**	**30**	**30**	**45**	**45**	**45**	**45**	**45**	**30**
	15.5	30/45	30/45	30/45	30	30	30	30	30	30

Tabelle 5-4: Kombinierter Einfluss des geometrischen Verdichtungsverhältnisses auf den Verbrauch und die Emissionen

In fetter Schrift hervorgehoben sind jeweils die Optimalkombinationen, wobei die besten ES-Steuerzeiten zudem quantitativ aufgeführt werden. Im Fall eines abgesenkten geometrischen Verdichtungsverhältnisses ergeben sich überwiegend relativ frühe ES-Steuerzeiten für alle Zielgrößen. Im Fall des Ruß-NO_x-Tradeoffs verschiebt sich der optimale ES unter der Ladedruckerhöhung bei beiden ε_{geo} in den Spätanschlag. Eine weitere Verdichtungsabsenkung birgt hier offenbar zusätzliches Minderungspotential.
Verschiedene HV50%-Lagen wirken sich nahezu nicht auf die optimale ES-Steuerzeit aus. Geringste Ruß- sowie Stickoxidemissionen werden innerhalb des gesamten Parameterraumes mit dem reduzierten ε_{geo} erreicht. Gleichzeitig steigen jedoch die HC- und CO-Emissionen, sowie der spezifische Verbrauch an.

Aus Abbildung 5-33 wurde die Forderung nach einer weiteren Absenkung des Verdichtungsverhältnisses, besonders für die Verbrennung besonders zündwilliger Kraftstoffe, abgeleitet. In Abbildung 5-35 dient der Ruß-NO_x-Tradeoffverlauf des CEC-Zertifizierungskraftstoffs (AGR-Variation) mit Basiseinstellungen am BP2 der Referenz (vgl. Abbildung 5-34). Die durch das abgesenkte ε_{geo} erreichte Rußminderung bei einem konstanten Stickoxidemissionsniveau von 0,1 g/kWh kann mit 47% beziffert werden.
Mit GtL als Energieträger erfordert eine darüber hinausgehende Minderung erweiterte Stelleingriffe der motorischen Eingriffsparameter. Eine Rußminderung gegenüber der CEC-Basis um 74% wird erst über die Intensivierung der Abgasrückführung durch eine

Ladedrucksteigerung um 300 mbar und eine ES-Spätverstellung erreicht. Eine Reduzierung der Rußemissionen mit GtL um 88% gegenüber der CEC-Referenz ist durch eine zusätzliche Absenkung des geometrischen Verdichtungsverhältnisses zu erreichen. Begründung hierfür ist die bessere AGR-Verträglichkeit und der frühe Übergang in die Niedertemperaturverbrennung mit GtL.

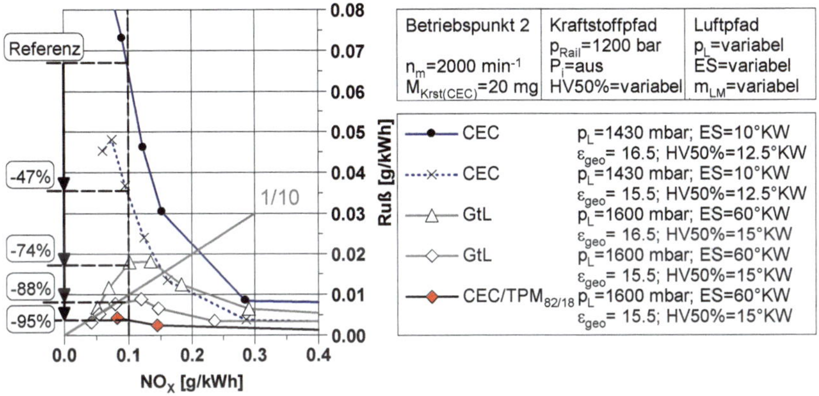

Abbildung 5-35: Ruß-NO_x-Tradeoffverläufe bei kombiniertem Einfluss des geometrischen Verdichtungsverhältnisses mit motorischen Stellparametern und zündwilligen Kraftstoffen

Auch das Ruß-NO_x-Tradeoffverhalten sehr zündwilliger Kraftstoffe wie GtL kann durch die Einflussnahme über motorische Stellparameter nahezu so betrieben werden, dass die Verbrennung quasi rußfrei und stickoxidminimal verläuft. Weiteres Rußminderungspotential kann durch die Strategieerweiterung mit Oxykraftstoff ausgeschöpft werden und zwar eine Absenkung um 95% gegenüber der CEC-Referenz.

Hinsichtlich einer Festlegung eines geometrischen Verdichtungsverhältnisses ist ein Kompromiss in Bezug auf einen hohen Prozesswirkungsgrad, welcher einer hohen Grundverdichtung bedarf und einer Auslegung auf minimale Stickoxidemissionen einzugehen. Der Grad an Variabilität der motorischen Stellparameter bestimmt die Vielstofffähigkeit.

5.4.6 Ladelufttemperaturanhebung

Gerade die sehr zündunwilligen Kraftstoffe haben sich entsprechend der Erläuterungen zu Abbildung 5-22 und Abbildung 5-23 in Teilen des Kennfeldbereiches als besonders rußarm verbrennend herausgestellt. Nachteilig sind hierbei jedoch vor allem die erhöhten Kohlenwasserstoffemissionen. Ein zu sehr abgesenktes Verdichtungsverhältnis steigert diese zusätzlich (vgl. Absatz 5.4.5) und stellt erhöhte Anforderungen an die Kaltstartfähigkeit. Besonders bei der Verwendung zündunwilliger Kraftstoffe kann dies bis hin zu Zündaussetzern führen. Zur Beeinflussung des Zündverhaltens sind motorische Stellparameter nutzbar. Hier ist z. B. die zündverzugsverkürzende Wirkung der Ladedrucksteigerung zu nennen (vgl. Absatz 5.4.4). In Abhängigkeit des Abgasenthalpieangebotes ist deren Anwendbarkeit jedoch eingeschränkt.

Erweiterte Ventiltriebsvariabilitäten können hier z. B. über die Einlasssteuerzeitenvariation bzw. die ungekühlte bzw. interne Abgasrückführung Abhilfe schaffen. Ziel dieser Strategien ist vor allem das Anheben des Brennraumtemperaturniveaus.

Im Folgenden wird eine Temperatursteigerung bei Kompressionsbeginn hinsichtlich der Wirkung auf zündunwillige Kraftstoffe am Einzylinderprüfling untersucht. Die Anhebung der Saugrohrtemperatur erfolgt vereinfacht über eine im Ansaugtrakt integrierte Heizung. In einer Fahrzeuganwendung ist der Wärmeeintrag über den Ladeluftkühler denkbar, evtl. in Kombination mit einem Wärmespeicher. Bei Frühstellung der variablen Nockenwelle und ohne AGR wird die Saugrohrtemperatur so lange angehoben, bis das Startluftverhältnis (das ist das Luftverhältnis, welches sich ohne AGR einstellen würde) der ES-Spätstellung erreicht ist. Hierfür ist eine Steigerung der Saugrohrtemperatur von 40°C auf 78°C nötig. Durchgeführt wird bei diesen Temperaturen am BP2 eine AGR-Variation mit „früher" ES-Steuerzeit und konstanter 50%-Lage des integralen Heizverlaufes durch Anpassung des Einspritzbeginns. Verglichen wird der Referenzkraftstoff CEC (CZ≈53) mit US-Schlechtkraftstoff USWC (CZ≈40), ersichtlich in Abbildung 5-36. Der Kraftstoff- bzw. SES-Einfluss wurde in den vorangehenden Abschnitten diskutiert und dient der Referenz. So kann mit CEC trotz ES-Spätanschlag nicht das Ruß-NO_x-Tradeoffniveau des USWC erreicht werden. Es treten bei der Verwendung des zündunwilligen Kraftstoffes aber die genannten erhöhten Kohlenwasserstoffemissionen auf.

Der direkte Kraftstoffeinfluss auf NO_X ist gering (vgl. Abbildung 5-5), jedoch bewirkt die Steigerung des Saugrohrtemperaturniveaus bei unverändertem Ladedruck eine reduzierte Zylinderfüllung. Diese thermische Drosselung begrenzt die maximalen AGR-Raten, so dass in Kombination mit den gesteigerten Brennraumtemperaturen das Stickoxidemissionsniveau erhöht ist. Unter Voraussetzung gleicher spezifischer Stickoxidemissionen kann die Zielgröße HC-Emission um 50% gemindert und damit nahezu auf das CEC-Niveau abgesenkt werden.

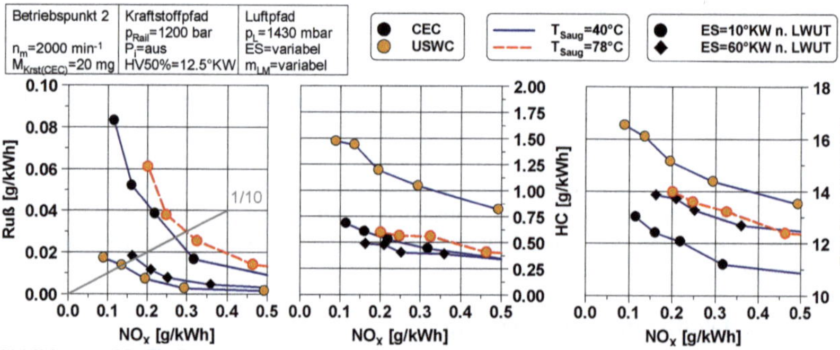

Abbildung 5-36: Einfluss der Ladelufttemperaturanhebung auf alternative Kraftstoffe

Die erhöhten Brennraumladungstemperaturen wirken sich verkürzend auf die Zündverzüge aus. So weisen USWC bei Ladelufttemperaturanhebung und CEC bei SES ein ähnliches Zündverzugsverhalten auf. Der Homogenisierungsgrad in Bezug auf die Gemischaufbereitung des USWC bei einer Saugrohrtemperatur von 40°C nimmt ab. Zum Erreichen des gleichen NO_x-Niveaus bei gesteigerter Saugrohrtemperatur ist eine AGR-Ratenerhöhung nötig, so dass der verfügbare Sauerstoffanteil abnimmt. Insgesamt bedeutet dies einen gesteigerten Rußausstoß. So liegt die spezifische Rußemission des CEC mit ES-Spätanschlag und konstanter Referenzsaugrohrtemperatur bei NO_X=0,2 g/kWh um 79% unter USWC mit thermischer Drosselung. Bei vergleichbarem Zündverzugsverhalten tritt die chemisch ungünstigere Komposition des USWC hervor. Wird der Quereinfluss des Brennverhaltens minimiert, verschlechtert sich der PM-NO_X-Tradeoff über das Niveau des Zertifizierungskraftstoffes mit Referenzeinstellungen. Zudem bewirkt die Ladelufttemperaturanhebung für USWC einen Verbrauchsanstieg um ca. Zwei Prozent. Eine Beurteilung eines Kraftstoffes hinsichtlich seines Emissionsverhaltens kann nur in Kombination mit den motorisch bestimmten Randbedingungen erfolgen.

5.4.7 Extremladeluftkühlung

Neuere Erkenntnisse der Abgastemperaturnutzung zur Ladeluftkühlung über einen Strahlkälteprozess nach [208] lassen eine seriennahe Fahrzeuganwendung in naher Zukunft als möglich erscheinen. Die Verwendung der variablen Aufladestrecke am 4-Zylinder Vollmotor der zweiten Generation (Absatz 4.1.2) ermöglicht in Kombination mit einem Kälteaggregat eine Erweiterung des Luftpfadparameterraums, d. h. eine Absenkung der Saugrohrtemperatur bis unter null Grad Celsius. Ziel dieser Untersuchung ist die Potentialabschätzung der extremen Ladeluftkühlung in Kombination mit alternativen Kraftstoffen.
Der grundsätzliche Einfluss von extrem niedrigen Saugrohrtemperaturen auf das motorische Brennverhalten ist seit mehreren Jahrzehnten im Fokus der Forschung. In [209] wird an einem betriebswarmen Nfz-Einzylinderdieselmotor eine zündverzugsverlängernde Wirkung von über 75% bei einer Saugrohrtemperaturabsenkung von 75K festgestellt. Untersuchungen von [210] zeigen an einem modernen Nfz-Einzylinder-Forschungsmotor durch die Kombination aus der Kälteladung und AGR eine Stickoxidemissionsminderung um bis zu 90%, jedoch steigt hierbei die Schwärzungszahl (FSN) von 0,1 auf 3 an. An einem Pkw-Einzylinder-Forschungsmotor, ebenfalls mit dieselmotorischem Brennverfahren, wird in [211] eine AGR-Variation unter Erhöhung des Lade- und des Einspritzdrucks mit einer Saugrohrtemperaturabsenkung von 15K kombiniert, um über eine Niedertemperaturverbrennung von zündunwilligem Kraftstoff niedrigste Ruß- und Stickoxidemissionen zu ermöglichen.
Im Rahmen dieser Arbeit werden Kraftstoffe angewendet, die gegenüber CEC eine erhöhte Zündwilligkeit und eine verringerte inhärente Rußbildungsneigung aufweisen. Betrachtet werden nur Versuche mit Blockeinspritzung und mit einer konstanten Heizverlaufsschwerpunktlage von 12,5°KW n. ZOT für den BP2 und den BP3. Der Ladedruck bleibt für jeden Betriebspunkt konstant. Durch den Kühlungseffekt steigt daher die Zylinderfüllung. Abbildung 5-37 visualisiert die Auswirkung der durchgeführten Parameterkombination aus verschiedenen Kraftstoffen und dem variablen ES sowie der Ladeluftkühlung auf die Ruß- und HC-Emissionen.

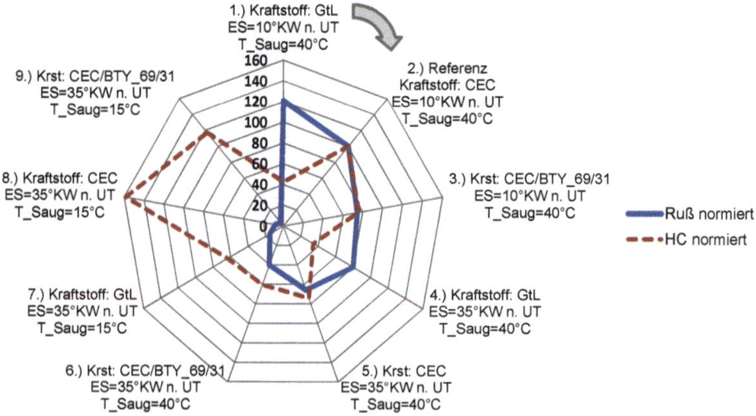

Abbildung 5-37: Ruß- und HC-Emissionen alternativer Kraftstoffe bezogen auf CEC bei Variation der Saugrohrtemperatur und des ES bei gleichem Stickoxidemissionsniveau von NO_x=0,27 g/kWh

Das spezifische Stickoxidemissionsniveau am vorliegenden BP2 ist jeweils konstant bei NO_x=0,27 g/kWh. Bezogen werden die Emissionen auf den Referenzkraftstoff bei ES-Frühanschlag und einer Saugrohrtemperatur von 40°C. Bei dem anhand der Ausführungen zu Abbildung 5-6ff bereits aufgezeigten Verhalten des zündwilligen GtL an dem betrachteten Betriebspunkt sind die Rußemissionen gegenüber der CEC-Referenz erhöht, jedoch die Kohlenwasserstoffemissionen um mehr als 50% verringert.

Durch die Verbrennung des CEC-Butylalblends können auf Grund der gegenüber CEC gesteigerten Zündwilligkeit sowie dem molekularen Sauerstoffanteil die Kohlenwasserstoff- und Rußemissionen simultan gesenkt werden. Eine ES-Spätstellung um 25°KW ermöglicht für die genannten Kraftstoffe eine Rußminderung ohne HC-Steigerung. Das Emissionsverhalten der Kraftstoffe zueinander bleibt bestehen, so dass der Butylalblend die niedrigsten und der GtL die höchsten Rußemissionen für diese Nockenwellenstellung aufweist.

Durch die Minderung der Saugrohrtemperatur um 25K steigen für alle Energieträger die HC-Emissionen auf Grund der zunehmenden Quench-Effekte an. Für CEC bedeutet dies einen Anstieg um 59% gegenüber den Bezugsbedingungen. Für die zündwilligeren Kraftstoffe fällt der HC-Anstieg geringer aus, so dass dieser für den Butylalblend gegenüber der Referenz um ca. 17% erhöht ist und der GtL bei einem Wert von ca. 63%, d. h. unterhalb der Referenz verbleibt. Die reduzierte Saugrohrtemperatur steigert die Saugrohrdichte, so dass bei identischem Betriebspunkt, also vergleichbarer Frischluftmasse, eine Erhöhung der rückgeführten Inertgasmasse ermöglicht wird. Der vergrößerte Abstand zur Rußgrenze kann so über den Parameter AGR in Kombination mit dem verringertem Brennraumtemperaturniveau zur NO_x-Minderung genutzt werden. Für ein in Abbildung 5-37 zugrundeliegendes konstantes Stickoxidemissionsniveau kann der somit vermehrt zur Verfügung stehende Sauerstoffanteil der Rußminderung dienen. Mit dem verringerten Temperaturniveau geht erwartungsgemäß eine zündverzugsverlängernde Wirkung mit einer gesteigerten Gemischhomogenisierung einher, welche vermindernd auf die Rußbildungsmechanismen wirkt. In Summe bedeutet dies eine drastische Rußminderung. Hierbei bleibt wiederum die Ordnung in Bezug auf die Kraftstoffe bestehen, so dass mit dem

GtL eine Minderung von 85%, mit CEC um 92% und mit dem Butylalblend eine Verbesserung von über 96% ermöglicht wird.
Die Einzelfaktoren verspäteter ES, Saugrohrtemperaturabsenkung und Alternativkraftstoff ergänzen einander, so dass eine nahezu rußfreie und stickoxidneutrale Energiewandlung ohne ansteigende Kohlenwasserstoffemissionen (gegenüber CEC) ermöglicht wird. Zudem ist die Saugrohrtemperaturabsenkung mit einer Minderung des spezifischen Kraftstoffverbrauchs verbunden. Begründet werden kann dies mit dem herabgesetzten Brennraumtemperaturniveau und den daraus resultierenden verringerten Wärmeverlusten. Im Rahmen der Saugrohrtemperaturminderung um 25K liegt der Verbrauchsvorteil bei über 2%. Für eine Gesamtbilanzierung muss natürlich der benötigte Energieaufwand für das Kältesystem berücksichtigt werden, bzw. der hierdurch evtl. erhöhte Abgasgegendruck und der damit verbundene Anstieg im Kraftstoffverbrauch.
Auch bei gesteigerter Motorlast am BP3 können die Einzeleffekte aus Kraftstoff, SES und Kälteladung kombiniert werden. Abbildung 5-38 zeigt das Ruß-NO_x-Tradeoffverhalten dieser Kombinationsmöglichkeiten für die Kraftstoffe CEC und den CEC-Blend mit einem Butylalanteil von 31 Volumenprozenten auf. Das Ladedruckniveau bleibt für alle Parametervariationen konstant.

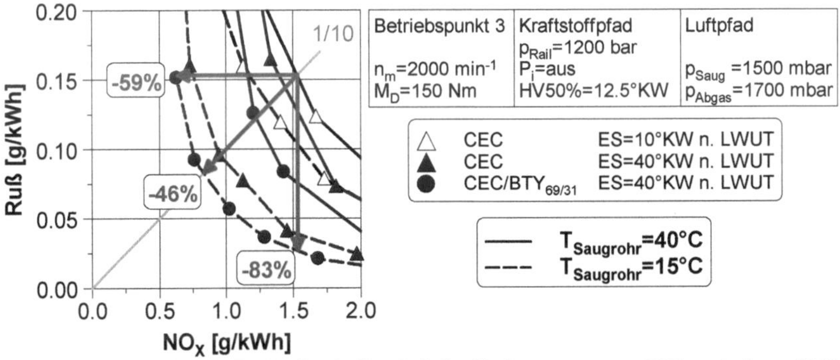

Abbildung 5-38: Ruß-NO_x-Tradeoffverhalten bei der Verbrennung von CEC und einem CEC-Butylalblend unter Absenkung des Saugrohrtemperaturniveaus und einem variablen ES am BP3

Ausgehend von der CEC-Verbrennung bei ES-Frühstellung und einer Saugrohrtemperatur T_{Saug} von 40°C werden im Folgenden die Auswirkungen der Variationsparameter auf das Eins zu Zehn Verhältnis zwischen Ruß und NO_x betrachtet. Sowohl mittlere ES-Lagen als auch das verringerte Saugrohrtemperaturniveau bewirken für sich betrachtet eine Verbesserung des Ruß-NO_x-Tradeoffs, welche jedoch jeweils unter 15% liegen. Erst durch die Kombination der beiden Einflussgrößen kann das Tradeoffniveau unter Verwendung des Referenzkraftstoffes um etwa 38% gesenkt werden. Eine zusätzliche Anwendung des CEC-Butylalblends führt auf eine Minderung von 46%. Die Betrachtung eines konstanten Stickoxidemissionsniveaus von NO_x=1,5 g/kWh führt auf eine Rußemissionssenkung von 83%. Rußneutral gegenüber der Referenz ist durch die Parameterkombination eine Stickoxidreduzierung von über 59% möglich. Diese deutliche Emissionsverbesserung ist vor dem Hintergrund der erhöhten Motorlast nur möglich, da sich die Wirkungen, abgeleitet aus den zusätzlichen Stellparametern SES-Strategie, Kälteladung und Kraftstoffeinfluss, ergänzen.

Durch eine extreme Saugrohrtemperaturminderung steigt die in der verlängerten Zündverzugsphase aufbereitete Kraftstoffmenge an und weist ein entsprechend rasches Umsetzverhalten auf, sodass neben den Druckanstiegsgeschwindigkeiten die Spitzentemperaturen im Verbrannten vergleichsweise erhöht sein können. Bei ausreichender Verweildauer in lokal heißen Zonen mit ausreichendem Sauerstoffangebot führt dies in so einem Fall zu einer verstärkten Stickoxidbildung. Dieser Sachverhalt begrenzt die Strategiekombination und damit das Ruß-NO_x-Tradeoffverbesserungspotential.

6 Zusammenfassung und Ausblick

Im Rahmen dieser Arbeit wird das Potential alternativer Energieträger im modernen Pkw-Dieselmotor untersucht. In Bezug auf die erweiterte Variabilität des Motorprüflings sind besonders das zylinderdruckgeführte Motormanagement und vor allem die variable Ventilsteuerung als wichtigste Bausteine zur innermotorischen Emissionsreduzierung hervorzuheben [179].

Unter Berücksichtigung der grundsätzlichen Schadstoffbildungsmechanismen erfolgt eine Kraftstoffauswahl aus dem Portfolio der Kohlenwasserstoffe auch unter Einbeziehung von molekular eingelagertem Sauerstoff. Für diese Selektion werden Bewertungskriterien genutzt, die teilweise aufwändige Analysemethoden zur Kennwertermittlung und eine Kraftstoffprobe erfordern. Abhilfe schaffen hier Abschätzmethoden nur auf Basis der Kenntnis des chemischen Molekülaufbaus. Am Beispiel des unteren Heizwertes ist eine hinreichend genaue Abschätzung mit Hilfe geeigneter Gruppenbeitragsmethoden durchführbar.

Für die Untersuchungen ausgewählt werden neben rein paraffinischen synthetischen Kraftstoffen (HVO, GtL), verschiedene Alkohole (Ethanol und Butanol), Ester (RME) und Ether (Butylal, TPM, TOU).
Zunächst findet eine Charakterisierung der Zünd- und Brenneigenschaften der Kraftstoffe, bzw. der Kraftstoffblends statt. Des Weiteren werden die Auswirkungen auf die Zielgrößen Schadstoffemissions- und Verbrauchsminderung quantifiziert. Die direkte kraftstoffseitige Wirkung auf die Stickoxidemissionen ist vergleichsweise gering. Den größten diesbezüglichen Einfluss weist die Abgasrückführung auf. Stark wirken sich Kraftstoffe jedoch auf die resultierenden Rußemissionen aus.

Rußmindernd wirken sich Kraftstoffe mit einer niedrigen Zündwilligkeit aus, da der Homogenisierungsgrad durch den verlängerten Zündverzug gesteigert wird. Nachteilig sind die hiermit verbundenen ansteigenden CO- und HC-Emissionen.
In Bezug auf die Gemischbildung, bzw. die Verbrennung bei der dieselmotorischen Diffusionsverbrennung ist die Rußbildung mit der lokalen Temperatur und dem lokalen Luftverhältnis, bzw. der für die Rußbildung zur Verfügung stehenden Zeit verknüpft. Über die resultierenden Rußemissionen entscheidet die Rußoxidation, wobei hohe Temperaturen bei ausreichendem Sauerstoffangebot die Stickoxidbildung begünstigen.
Die Rußbildung kann unterdrückt werden. Hierfür eignet sich neben der Kraftstoffzusammensetzung grundsätzlich auch der brennraumseitig zur Verfügung gestellte Sauerstoff, was jedoch hohe Anforderungen an die Gemischbildung stellt.

Die inhärente Rußbildungsneigung eines Kraftstoffes wird durch das effektive Wasserstoff- zu Kohlenstoffverhältnis beeinflusst. Hintergrund ist neben dem molekularen Verhältnis von Wasser- zu Kohlenstoff die chemische Blockade der Kohlenstoffatome durch den molekular eingebundenen Sauerstoff. Dieser Kraftstoffkennwert ist besser zur Beschreibung der Rußbildungsunterdrückung geeignet, als die reine Kenntnis des molekularen Sauerstoffmassenanteils. Die Schwelle zur Rußunterdrückung erfordert einen Kraftstoff mit einem hohen H/C_{Eff}-Verhältnis. Dieses Verhältnis ist für Kraftstoffe anwendbar, welche nur eine molekulare Bindung zwischen nur jeweils einem Sauerstoff- und einem Kohlenstoffatom aufweisen. Die Ableitung der Rußbildung allein auf Basis der Kraftstoffeigenschaften ist nicht

zielführend, da zusätzlich immer die Brennstoffaufbereitung und der brennverfahrensseitige Einfluss berücksichtigt werden müssen.
Durch die Verringerung, bzw. Vermeidung der Rußbildungsbereiche über die Kombination aus der inhärenten Rußminderung eines Kraftstoffes mit einer lokalen Temperaturabsenkung, z. B. durch hohe AGR-Raten, konnte eine quasi rußfreie (und stickoxidarme) Verbrennung erreicht werden.

Bezüglich des Verbrennungsablaufs unterscheiden sich die Kraftstoffe neben den Zündverzugseigenschaften zudem hinsichtlich ihres Durchbrennverhaltens. Diese brennverfahrensseitigen Unterschiede wirken sich auf die Schadstoffbildung und den erzielbaren motorischen Wirkungsgrad aus. Die Brenneigenschaften der Kraftstoffe bestimmen die optimale Stellstrategie für die motorischen Parameter. In den betrachteten Motorkennfeldbereichen, die eine Ausweitung der Homogenisierung erlauben, bieten sich zündunwillige Kraftstoffe zur Rußminderung an. Nachteilig in diesem Zusammenhang erweisen sich jedoch die gesteigerten HC- und CO-Emissionen und der über den verringerten Umsetzungsgrad erhöhte Kraftstoffverbrauch. Molekular eingelagerter Sauerstoff ist zur darüber hinausgehenden Rußminderung nutzbar, so dass die Rußemissionen insgesamt um über 90% am Beispiel des Butanolblends ($CEC/B_{70/30}$) bei sonst vergleichbaren brennverfahrensseitigen Randparametern gemindert werden können.
Wird auf eine maximale Rußminderungsquote zugunsten eines gleichbleibenden Stickoxidniveaus verzichtet und ein relativ zündwilliger Kraftstoff gegenüber dem CEC-Referenzkraftstoff verwendet, so ist bei einer verbleibenden Rußminderung von über 50% eine Verbesserung der HC- und CO-Emissionen, sowie des spezifischen heizwertkorrigierten Verbrauches am Beispiel der Verwendung eines Etherblends ($CEC/TPM_{77/23}$) realisierbar.

Die kraftstoffseitige ist mit den brennverfahrensseitigen Strategien zur Emissionsminderung kombinierbar, sodass nur in Summe optimale Ergebnisse erreichbar sind. Daher werden diesbezüglich ausgewählte motorische Stellparameter untersucht.
Hierbei eignen sich die Ladedrucksteigerung, sowie die Ladetemperatur- oder Verdichtungsanhebung zur Zündverzugsverkürzung und damit u. a. zur Minderung von unvollständig verbrannten Emissionen.
Im Gegensatz hierzu kann die Verdichtungsabsenkung, sowohl geometrisch als auch effektiv über die vorliegende Ventiltriebsvariabilität zur Ausweitung der Homogenisierungsstrategien, bzw. zur Anpassung der Zylinderladungsmasse und der Ladungsbewegung genutzt werden.
Die durchgeführte Steuerzeitenvariation ist vor allem in Hinblick auf die Rußminderung ein probates Mittel. Neben der Rußmasse kann auch die Partikelanzahl gesenkt werden. Die Anzahlemissionen der Nanopartikel sind dabei besonders für Blends mit anteiligem Alkohol erhöht.
Wird der Steuerzeiteneinfluss mit den kraftstoffseitigen Eigenschaften verknüpft, können die Emissionen minimiert werden. Des Weiteren sind Einspritzpfadstrategien wie die Anhebung des Einspritzdruckes geeignet, um die Gemischbildung zu optimieren und eine Rußunterdrückung über die kraftstoffseitige Wirkung hinaus zu unterstützen. Durch derartige Parameterkombinationen sind niedrigste Rohemissionen realisierbar, die potentiell aufwändige Abgasnachbehandlungsmethoden entlasten oder sogar überflüssig machen könnten.

Auch in Kennfeldbereichen, die nur begrenzt oder keine Homogenisierungsstrategien zulassen, verbleibt die inhärente kraftstoffseitige Rußminderung. Bei gesteigerten Lasten ist dies indirekt durch die verbesserte AGR-Verträglichkeit zur Stickoxidminderung nutzbar. Im mittleren Lastbereich können so, in Kombination mit einer Ladelufttemperaturabsenkung, die Stickoxidrohemissionen um über 50% reduziert werden, ohne dass die Rußemissionen ansteigen.

Eine quasi rußfreie Verbrennung schafft neue Freiheitsgrade bei der Entwicklung bzw. Abstimmung alternativer Brennverfahren. Die unterschiedlichen Brenneigenschaften der alternativen Kraftstoffe können potentiell zur Bestimmung von Eingangsgrößen für die zylinderdruckbasierte Motorsteuerung zur Kraftstofferkennung genutzt werden. Eine Applikationsanpassung durch die zylinderdruckbasierte Verbrennungsregelung hinsichtlich der unterschiedlichen Kraftstoffzusammensetzungen kann die zukünftige Vielstoffanwendung ermöglichen. Ein hoher Grad an Variabilität im Einspritz- und Luftpfad bietet das Potential einer optimierten Verbrennung von Kraftstoffen und damit die Möglichkeit einer schadstoffminimalen und effizienten Energiewandlung.

7 Literaturverzeichnis

[1] Further CO2 emission reductions from cars and vans: a win-win for the climate, consumers, innovation and jobs
Press release, European Commission, Brussels, 2012

[2] Eilts, P.
Verbrennungskraftmaschinen 2
Vorlesungsumdruck, Braunschweig, 2011

[3] Grebe, U. D.
Weiterentwicklung des Ottomotors
Lehrveranstaltung, TU Wien, 2012

[4] Eilts, P.; Weiskirch, C.; Kaack, M.; Blei, I.
Alternative Kraftstoffe für alternative und konventionelle Brennverfahren
ATZ / MTZ-Konferenz Innovative Kraft- und Schmierstoffe für die Mobilität von morgen, 2008

[5] Naegeli, D. W.; Moulton, S.; Owens, E. C.; Frame, E.A.,
Oxygenates for Advanced Petroleum-Based Diesel Fuels
Interim Draft Report, Southwest Research Institute, 2001

[6] Miyamoto, N.; Ogawa, H.; Nurun, N.; Obata, K. et al.
Smokeless, Low NO_x, High Thermal Efficiency, and Low Noise Diesel Combustion with Oxygenated Agents as Main Fuel
SAE Technical Paper 980506, 1998

[7] Sperling, E.
Die Verbrennung von n-Butanol-Dieselkraftstoff-Gemischen im Vorkammer-Dieselmotor
Fortschr.-Ber. VDI Reihe 6 Nr. 226. Düsseldorf: VDI-Verlag 1989

[8] Bosch AG
Dieselmotor-Management
GWV, Wiesbaden, 2004

[9] Merker, G. P.; Schwarz, C.; Teichmann, R.
Grundlagen Verbrennungsmotoren
Vieweg+Teubner Verlag, 6., ergänzte Auflage, Wiesbaden, 2012

[10] Funk, A.
Untersuchung des SNR-Verfahrens am Dieselmotor
Dissertation, Universität Hannover, 2001

[11] Schloz, E.
Untersuchungen zur homogenen Dieselverbrennung bei innerer Gemischbildung
Dissertation, Karlsruhe, 2003

[12] Bünger, J.; Krahl, J.; Munack, A.; Ruschel, Y., Schröder, O.; et alii
Strong mutagenic effects of diesel engine emissions
using vegetable oil as fuel
Archieves of toxicology, 81(8), 2007

[13] Raatz, T.
Untersuchungen zur Homogenen Dieselverbrennung
Dissertation, Braunschweig, 2003

[14] Flynn, P. F.; Durrett, R. P.; Hunter, G. L.; Loye, A. O.; Akinemi, O. C.; Dec, J.E., Westbrook, C. K.
Diesel Combustion: An Integrated View Combining Laser Diagnostics, Chemical Kinetics, and Empirical Validation
SAE-Paper 1999-01-0509, 1999

[15] Kittelson, D. B.
Engines and Nanoparticles: A Review
Journal of Aerosol Science, Volume 29, No. 5/6, 1998

[16] Kittelson, D. B.; Watts, W. F.; Johnson, J. P.
Nanoparticle emissions on Minnesota highways
Atmospheric Environment 38, 2004

[17] Rothe, D.
Physikalische und chemische Charakterisierung der Rußpartikelemission von Nutzfahrzeugdieselmotoren und Methoden zur Emissionsminderung
Dissertation, Technische Universität München, 2006

[18] Greim, H.; Hilesheim, W.; Esch, H.; Höke, H.; et al.
Vergleich der Wirkungseigenschaften und der Wirkungsstärke von Dieselmotorabgasen der 1960er Jahre und heute
Technische Universität München, 2003

[19] Gauthier, Y.
Einspritzdruck bei modernen PKW-Dieselmotoren
Dissertation, Helmut-Schmidt-Universität Hamburg, 2009

[20] Naber, J.; Siebers, D.
Effects of Gas Density and Vaporization on Penetration and Dispersion of Diesel Sprays
SAE Technical Paper 960034, 1996

[21] Baumgarten, C.
Mixture Formation in Internal Combustion Engines
Springer-Verlag Berlin Heidelberg, 2006

[22] Groenendijk, A.
Gemischbildung und Verbrennungssteuerung bei homogener und teilhomogener Dieselverbrennung
Dissertation, Braunschweig, 2003

[23] Grütering, U. F.; Graf, M.; Pischinger, S.
Stable Running of Diesel Engines at very low ambient temperatures
8. Internationales Stuttgarter Symposium Automobil- und Motorentechnik, Stuttgart, 2008

[24] Hasse, C.; Vogel, S.; Peters, N.
Modeling of a DaimlerChrysler Truck Engine using an Eulerian Spray Model
RWTH Aachen. 2003

[25] Blumenröder, K et al.
Variable Ventiltriebe in Pkw-Dieselmotoren-Potenziale, Grenzen und Realisierungschancen
27. Internationales Wiener Motorensymposium, 2006

[26] Mohr, H.
Beitrag zur Verbesserung des Kaltstartverhaltens von Wirbelkammer-Dieselmotoren
Dissertation, TU Braunschweig, 1994

[27] Jungk, A.
Anforderungen an nachhaltige Mobilität
ATZ/MTZ Fachkonferenz Kraft- und Schmerstoffe, Hamburg, 2007

[28] Pischinger, R.; Klell, M.; Sams, T.;
Thermodynamik der Verbrennungskraftmaschine
Dritte überarbeitete Auflage, SpringerWienNew York, 2009

[29] Gerthsen, T.
Chemie für den Maschinenbau 2
Universitätsverlag Karlsruhe, 2008

[30] Schindler, V.
Kraftstoffe für morgen – Eine Analyse von Zusammenhängen und Handlungsoptionen
Springer-Verlag, Berlin, Heidelberg, New York, 1997

[31] Zamfirescu, C.; Dincer, I.
Ammonia as a green fuel and hydrogen source for vehicular applications
Fuel Processing Technology 90, 2009

[32] Bicker, M.
Stoffliche Nutzung von Biomasse mit Hilfe überkritischer Fluide – 5-Hydroxymethylfurfural und Milchsäure
Dissertation, Technische Universität Darmstadt, 2005

[33] Seiler, V.; Weiskirch, C.
Alternative Kraftstoffe auf Basis von nachwachsenden Rohstoffen
CTI-Fachkonferenz Biokraftstoffe, 2007

[34] Rantanen, L.; Linnaila, R.; Aakko, P.; Harju, T.
NExBTL - Biodiesel Fuel of the Second Generation
SAE Technical Paper 2005-01-3771, 2005

[35] Keppeler, S.
DC Powertrain Strategy
JSAE/SAE International Fuels and Lubricants Meeting, Kyoto, 2007

[36] Demirbas, A.
Biodiesel – A realistic Fuel Alternative for Diesel engines
Springer-Verlag London Limited, 2008

[37] Knothe, G.
„Designer" Biodiesel: Optimizing Fatty ester Composition to Improve Fuel Properties
Energy & Fuels 22, 2008

[38] DIN EN 590
Kraftstoffe für Kraftfahrzeuge – Dieselkraftstoff – Anforderungen und Prüfverfahren
Deutsche Fassung EN 590 : 2009+A1:2010

[39] DIN EN 590
Kraftstoffe für Kraftfahrzeuge – Dieselkraftstoff – Anforderungen und Prüfverfahren
Deutsche Fassung E EN 590: 2011-10

[40] United States Environmental Protection Agency
A Comprehensive Analysis of Biodiesel Impacts on Exhaust Emissions
Draft Technical report, EPA420-P-02-001, 2002

[41] Larsson, M. and Denbratt, I.
Combustion of Fischer-Tropsch, RME and Conventional Fuels in a Heavy-Duty Diesel Engine
SAE Technical Paper 2007-01-4009, 2007

[42] Le, Q. P.
Influences of Alternative Fuels and EGR on Thermodynamic Parameters and Emissions of a Heavy-Duty Engine
Dissertation, Otto-von Guericke-Universität Magdeburg, 2007

[43] Hansen, A. C.; Zhang, Q.; Lyne, P. W. L.
Ethanol-diesel fuel blends-a review
Bioresource Technology 96, 2005

[44] Kaack, M; Weiskirch, C.; Eilts, P.
Alkoholische Biokraftstoffe als Beimischungskomponente für konventionelle und alternative Dieselbrennverfahren
Motortechnische Zeitschrift, 70, 2009

[45] Sendzikiene, E.; Makarevicience, V.; Janulis, P.
Influence of fuel oxygen content on diesel engine exhaust emissions
Renewable Energy 31, 2006

[46] Weiskirch, C.; Kaack, M.; Blei, I.; Eilts, P.
Alternative Fuels for Alternative and Conventional Diesel Combustion Systems
SAE Technical Paper 2008-01-2507, 2008

[47] Pandey, A.; Larroche, C.; Ricke, S. C.; Dussap, C.-G.; et al.
Biofuels : Alternative Feedstocks and Conversion Processes
Academic Press, Amsterdam, Heidelberg et al.; 2011

[48] Furanix Technologies B.V.
Mixture of Furfural and 5-(Alkoxymethyl)furfural Derivates from Sugars and Alcohols
United States Patent Application Publication, 2010

[49] Werner, M.; Wachtmeister, G.
Dimethylether – Dieselalternative der Zukunft?
Motortechnische Zeitschrift, 7/8, 2010

[50] Ofner, H.; Gill, D.; Krotscheck, C.
Dimethyl Ether as Fuel for CI Engines - A New Technology and its Environmental Potential
SAE Technical Paper 981158, 1998

[51] Sorenson, S.; Glensvig, M.; Abata, D.
Dimethyl Ether in Diesel Fuel Injection Systems
SAE Technical Paper 981159, 1998

[52] Savadkouhi, L.; Jazayeri, S. A.; Shahangian, N.; Tavakoli, J.
Performance and Combustion Characteristics of OM314 Diesel Engine fueled with DME: A theoretical and Experimental Analysis
Journal of Engineering for Gas Turbines and Power, Vol 132, 2010

[53] Longbao, Z.; Hewu, W.; Deming, J.; Zuohua, H.
Study of Performance and Combustion Characteristics of a DME-Fueled Light-Duty Direct-Injection Diesel Engine
SAE Technical Paper 1999-01-3669, 1999

[54] Arcoumanis, C.; Bae, C.; Crookes, R.; Kinoshita, E.
The potential of di-methyl ether (DME) as an alternative fuel for compression-ignition engines: A review
Fuel 87, 2008

[55] http://www.springerprofessional.de/volvo-trucks-erste-zwischenergebnisse-beim-bio-dme-projekt-uebertreffen-die-erwartungen-15645/3952424.html
(abgerufen am 16. April 2012)

[56] BASF Aktiengesellschaft
Verwendung von Polyäthern und Acetalen auf Basis von Methanol und/oder Äthanol als Kraftstoffe für Dieselmotoren sowie diese Komponenten enthaltende Kraftstoffe für Dieselmotoren
Europäische Patentanmeldung EP 0 014 992 A1, 1980

[57] Jacob, E.
Dieselkraftstoffe im technologischen Übergang zum postfossilen Zeitalter
33. Internationales Wiener Motorensymposium, 2012

[58] Shell Internationale Research Maatschappij B.V.
Verwendung von Dieselkraftstoffzusätze
Deutsche Patentanmeldung DE 697 33 363 T2, 2006

[59] Burger, J.; Siegert, M.; Ströfer, V.; Nilles, M.; Hasse, H.
Poly(oxymethylene) dimethyl ethers as components of tailored diesel fuel: Properties, synthesis and purification concepts
European Congress of Chemical Engineering, 25.-29. September 2011, Berlin

[60] BASF Aktiengesellschaft
Method for Producing Polyoxymethylene Dimethyl Ethers from Methanol and Formaldehyde
United States Patent Application Publication US 2008/0207954 A1, 2008

[61] Rieping, M.; Blei, I.
Alternative Kraftstoffe – Effizient und emissionsarm
4.Biokraftstoffsymposium, Coburg, 2012

[62] Brassat, A.; Thewes, M.; Müther, M.; Pischinger, S.
Massgeschneiderte Kraftstoffe aus Biomasse für Ottomotoren
Motortechnische Zeitschrift, 12, 2011

[63] Román-Leshkov, Y.; Barrett, C. J.; Liu, Z. Y.; Dumesic, J. A.
Production of Dimethylfuran for liquid fuels from biomass-derived carbohydrates
Nature Publishing Group, 2007

[64] de Jong, E.; Gruter, G.
Furanics: A Novel Diesel Fuel with Superior Characteristics
SAE Technical Paper 2009-01-2767, 2009

[65] DIN 51900-1
Bestimmung des Brennwertes mit dem Bomben-Kalorimeter und Berechnung des Heizwertes
DIN 51900-1 : 2000-04

[66] Stull, D. R.; Westrum, E.F. Jr.; Sinke, G. C.
The Chemical Thermodynamics of Organic Compounds
John Wiley & Sons, Inc., New York, London, Sydney, Toronto, 1969

[67] Grote, K.-H.; J. Feldhusen
Dubbel-Taschenbuch für den Maschinenbau.
Springer Berlin Heideberg New York, 21. Auflage, 2005,

[68] Brandt, F.
Brennstoffe und Verbrennungsrechnung
FDBR-Fachbuchreihe 1, Vulkan Verlag, Essen, 1999

[69] Boie, W.
Vom Brennstoff zum Rauchgas : Feuerungstechn. Rechnen mit Brennstoffkenngrössen u. seine Vereinfachung mit Mitteln d. Statistik
Teubner, Leipzig, 1957

[70] Sheng, C.; Azevedo, J. L. T.
Estimating the higher Heating value of biomass fuels from basis analysis data
Biomass and Bioenergy 28, 2005

[71] Czichos, H.; Hennecke, M.
Hütte – Das Ingenieurwissen
32. Auflage, 2004

[72] Lide, D.R. et alii
CRC Handbook of Chemistry and Physics
CRC Press LLC, 2000

[73] Poling, B. E.; Prausnitz, J. M.; O`Connell, J. P.
The Properties of Gases and Liquids
McGraw-Hill, 5. Edition, 2007

[74] http://webbook.nist.gov/chemistry/grp-add/S-and-P.html (abgerufen am 01. März 2012)

[75] Benson, S. W.
Thermochemical Kinetics 2nd Ed.
John Wiley & Sons, New York, 1976

[76] Riazi, M. R.
Characterization and Properties of Petroleum Fractions
ASTM, 2005

[77] Emel`yanenko, V.N.; Zaitsau, D. H.; Verevkin, S. P.; Heintz, A.
Imidazolium based ionic liquids. 1-Ethanol-3-methyl-imidazolium dicyanoamide: Thermochemical measurement and first-principles calculations
Thermochimica Acta 518, 2011

[78] DIN 51626-1
Kraftstoffe für Kraftfahrzeuge – Anforderungen und Prüfverfahren – Teil 1: Ottokraftstoff E10 und Ottokraftstoff E5
Deutsche Fassung E EN 51626-1:2010-11

[79] Dernotte, J.; Hespel, C.; Foucher, F.; Houille, S.; Mounaim-Rousselle, C.
Experimental Study of the Influence of Fuel Physical Properties on the Diesel Injection Process in Non-Vaporizing Conditions
ILASS-Europe 2011, 24th European Conference on Atomization and Spray Systems, Estoril, 2011

[80] Hiroyasu, H.; Arai, M.; Tabata, M.
Empirical Equations for the Sauter Mean Diameter of a Diesel Spray
SAE Technical Paper 890464, 1989

[81] Song, C.; Hsu, C. S.; Mochida, I.
Chemistry of diesel fuels
Taylor & Francis, New York, 2000

[82] Gaston-Bonhomme Y.; Petrino P.; Chevalier J.L.
UNIFAC-VISCO Group Contribution Method for Predicting Kinematic Viscosity: Extension and Temperature Dependence
Chem.Eng.Sci., 49(11), 1799-1806, 1994

[83] Stan, C.
Alternative Antriebe für Automobile
Springer-Verlag Berlin Heidelberg, 2005

[84] Blessing, M.
Untersuchung und Charakterisierung von Zerstäubung, Strahlausbreitung und Gemischbildung aktueller Dieseleinspritzsysteme
Dissertation, Universität Stuttgart, 2004

[85] Kitano, K.; Sakata, I.; Clark, R.
Effects of GTL Fuel Properties on DI Diesel Combustion,
SAE Technical Paper 2005-01-3763, 2005

[86] Fröhling, J.-C.; Ludzay, J.
Zusammensetzung von Dieselkraftstoffen aus deutschen Raffinerien
DGMK Forschungsbericht 583, Hamburg, 2002

[87] Basshuysen, R. von; Schäfer, F.
Lexikon Motorentechnik
GWV, Wiesbaden, 2004

[88] Mollenhauer, K.; Tschöke, H.
Handbuch Dieselmotoren
Springer-Verlag, Berlin Heidelberg, 2007

[89] Kidoguchi, Y.; Yang, C.; Kato, R.; Miwa, K.
Effects of cetane number and aromatics on combustion process and emissions of a direct-injection diesel engine
JSAE Review 21, 2000

[90] EN ISO 5165
Mineralölerzeugnisse – Bestimmung der Zündwilligkeit von Dieselkraftstoffen – Cetan-Verfahren mit dem CFR-Motor
Deutsche Fassung EN ISO 5165 : 1998

[91] DIN 51773
Prüfung flüssiger Kraftstoffe – Bestimmung der Zündwilligkeit (Cetanzahl) von Dieselkraftstoffen mit dem BASF-Prüfmotor
DIN 51773 : 2010-04

[92] Fischer, M.
Modellierung der Multikomponenten-Verdampfung im homogenisierten dieselmotorischen Brennverfahren
Dissertation, Universität Hannover, 2006

[93] Egolf, L. M.; Jurs, P. C.
Estimation of Autoignition Temperatures of Hydrocarbons, Alcohols, and Esters from Molecular Structure
Industrial & Engineering Chemistry Research, 31 (7), 1992

[94] Stanev, A.; Lange, J.
Untersuchungen zum Zusammenhang zwischen Arbeitsprozeß und Abgasemissionen von Dieselmotoren beim Betrieb mit hochviskosen Brennstoffen
Forschungsvereinigung Verbrenungskraftmaschinen e.V., Abschlußbericht zum Vorhaben Nr. 509, 1993

[95] Murphy, M. J.; Taylor, J. D.; McCormick, R.L.
Compendium of Experimental Cetane Number Data
National Renewable Energy Laboratory, Colorado, 2004

[96] Elliott, N.
Measurement of Diesel Fuel Ignition Quality
CFR/CVCC/Correlation Methods Workshop, 2009

[97] Menrad, H.; König, A.
Alkoholkraftstoffe
Springer-Verlag, Wien New York, 1982

[98] DIN EN 15195
Flüssige Mineralölerzeugnisse – Bestimmung des Zündverzugs und der abgeleiteten Cetanzahl (ACZ) von Kraftstoffen aus Mitteldestillaten in einer Verbrennungskammer mit konstantem Volumen
Deutsche Fassung EN 15195 : 2007

[99] DIN EN 16144
Flüssige Mineralölerzeugnisse – Bestimmung des Zündverzugs und der abgeleiteten Cetanzahl (ACZ) von Mitteldestillatkraftstoffen – Verfahren mit festen Einspritzzeiten in einer Verbrennungskammer konstanten Volumens
Deutsche Fassung EN 16144 : 2012

[100] DIN EN ISO 4264
Mineralölerzeugnisse – Berechnung des Cetanindex von Mitteldestillat-Kraftstoffen aus der 4-Parameter-Gleichung
Deutsche Fassung EN ISO 4264:2007

[101] Hesse, A
Zukünftige Brennstoffe für Dieselmotoren II
Abschlussbericht zum Vorhaben Nr. 320, Forschungsvereinigung Verbrennungskraftmaschinen e.V.; 1986

[102] Harnisch, F.; Blei, I.; dos Santos, T. R.; Moeller, M.; Nilges, P.; Eilts, P.; Schroeder, U.
From the test-tube to the test-engine: assessing the suitability of prospective liquid biofuel compounds
RSC Advances, 2013

[103] Azev, V. S.; Tugolukov, V. M.; Kukushkin, A.A.; Livshits, S. M.
Laboratory method for determining diesel fuel cetane number without engine test
Chemistry and Technology of Fuels and Oils, Volume 14, Number 1, 1978

[104] DIN 51794
Bestimmung der Zündtemperatur
DIN 51794 : 2003-05

[105] Sitkei, G.
Kraftstoffaufbereitung und Verbrennung bei Dieselmotoren
Springer, Berlin, 1964

[106] Beck, S.
Kraftstoffkennzahlen – TP 4 Koordination
Abschlussbericht, Heft 961, Frankfurt, 2012

[107] Ghosh, P.; Jaffe, S. B.
Detailed Composition-Based Model for Predicting the Cetane Number of Diesel Fuels
Ind. Eng. Chem. Res., 45, 2006

[108] Heck, S. M.; Pritchard, H. O.; Griffiths, J. F.
Cetane number vs. structure in paraffin hydrocarbons
Journal of the Chemical Society, Faraday Transactions, 94(12), 1998

[109] Tong, D.; Hu, C.; Jiang, K. Li, Y.
Cetane Number Prediction of Biodiesel from the Composition of the Fatty Acid Methyl Esters
Journal of the American Oil Chemists' Society, Volume 88, Number3, 2011

[110] DeFries, T. H.; Indritz, D.; Kastrup, R. V.
Prediction of Cetane Number by Group Additivity and Carbon-13 Nuclear Magnetic Resonance
Ind. Eng. Chem. Res., 26 (2),1987

[111] Bargende, M.; Hartmann, M.; Vandersickel, A.; Mitakos, D. et al.
Beschreibung des Zündverzuges und der Brennrate von homogenen selbstzündenden Brennverfahren (HCCI) in Abhängigkeit des Ladungszustandes und der Kraftstoffeigenschaften. Definition einer neuen Kraftstoffkennzahl, mit welcher sich die Eignung eines Kraftstoffes für ein HCCI-Verfahren charakterisieren lässt
Forschungsvereinigung Verbrenungskraftmaschinen e.V., Zwischenbericht, Heft R547, 2009

[112] Liu, H.; Bi, X.; Huo, M.; Lee, C. F.; Yao, M.
Soot Emissions of Various Oxygenated Biofuels in Conventional Diesel Combustion and Low Temperature Combustion Conditions
Energy & Fuels, 26 (3), 2012

[113] Taylor, J.; Li, H.; Neill, S.
Fuel Effects on Ignition and Their Impact on Advanced Combustion Engines
Diesel Engine-Efficiency and Emissions Research (DEER) Conference, Detroit, 2006

[114] Garbe, T.
Senkung der Emissionen eines PKW mit direkteinspritzendem Dieselmotor durch Verwendung von Kraftstoffen mit abgestimmtem Siede- und Zündverhalten
Dissertation, Universität Hannover, 2002

[115] Tosaka, S., Fujiwara, Y., and Murayama, T.
The Effect of Fuel Properties on Particulate Formation (The Effect of Molecular Structure and Carbon Number)
SAE Technical Paper 891881, 1989

[116] Akasaka, Y.; Sasaki, T.; Kato, S.; Onishi, S.
Evaluation of Oxygenated Fuel by Direct Injection Diesel and Direct Fuel Injection Impingement Diffusion Combustion Diesel Engines
SAE Technical Paper 901566

[117] Munack, A.; Schröder, O. Stein, H.; Krahl, J.; Bünger, J.
Systematische Untersuchungen der Emissionen aus der motorischen Verbrennung von RME, MK1 und DK
Landbauforschung Völkenrode, Sonderheft 252, 2003

[118] Oguma, M., Goto, S., Konno, M., Sugiyama, K. et al.
Experimental Study of Direct Injection Diesel Engine Fueled with Two Types of Gas To Liquid (GTL)
SAE Technical Paper 2002-01-2691, 2002

[119] Aizawa, T.; Kosaka, H.
Effects of Fischer-Tropsch diesel fuel on soot formation processes in a diesel spray flame
Int. J. Engine Res. Vol. 11, 2009

[120] Kuronen, M.; Mikkonen, S.; Aakko, P.; Murtonen, T.;
Hydrotreated Vegetable Oil as Fuel for Heavy Duty Diesel Engines
SAE Technical Paper 2007-01-4031, 2007

[121] Steinbach, N.; Harndorf, H.; Weberbauer, F.; Thiel, M.
Motorisches Potenzial von synthetischen Dieselkraftstoffen
Motortechnische Zeitschrift, 6, 2006

[122] Janssen, A.; Kremer, F.; Pischinger S.; Heufer, A.; Olivier, H.
Neuartige Kraftstoffkennzahlen und Zündverzugszeiten mit alternativen Kraftstoffen
Aus Innovative Automobiltechnik II; Expert Verlag, Renningen, 2011

[123] Pepiot-Desjardins, P.; Pitsch, H.; Malhotra, R.; Kirby, S.R.; Boehman, A.L.
Structural group analysis for soot reduction tendency of oxygenated fuels
Combustion and Flame 154 (2008) 191-205

[124] Natarajan, M.; Frame, E.; Naegeli, D.; Asmus, T. et al.,
Oxygenates for Advanced Petroleum-Based Diesel Fuels: Part 1. Screening and Selection Methodology for the Oxygenates
SAE Technical Paper 2001-01-3631, 2001

[125] Gonzälez D. M.; Piel, W.; Asmus, T.; Clark, W. et al.,
Oxygenates screening for Advanced Petroleum-Based Diesel Fuels: Part 2. The Effect of Oxygenate Blending Compounds on Exhaust Emissions
SAE Technical Paper 2001-01-3632, 2001

[126] Hilden, D.; Eckstrom, J.; Wolf, L.
The Emissions Performance of Oxygenated Diesel Fuels in a Prototype DI Diesel Engine
SAE Technical Paper 2001-01-0650, 2001

[127] Stoner, M.; Litzinger, T.
Effects of Structure and Boiling Point of Oxygenated Blending Compounds in Reducing Diesel Emissions
SAE Technical Paper 1999-01-1475, 1999

[128] Boot, M.; Frijters, P.; Luijten, C. Somers, B. et al.,
Cyclic Oxygenates: A New Class of Second-Generation Biofuels for Diesel Engines?
Energy & Fuels 23, 2009

[129] Janssen, A.; Kremer, F.; Baron, J.; Muether, M.; Pischinger, S.; Klankermayer, J.
Tailor-Made Fuels from Biomass for Homogeneous Low-Temperature Diesel Combustion
Energy & Fuels, 2011

[130] Janssen, A.; Jakob, M.; Müther, M.; Pischinger, S.
Massgeschneiderte Kraftstoffe aus Biomasse – Potential biogener Kraftstoffe zur Emissionsreduktion
Motortechnische Zeitschrift, 12, 2010

[131] Janssen, A., Muether, M., Kolbeck, A., Lamping, M. et al.
The Impact of Different Biofuel Components in Diesel Blends on Engine Efficiency and Emission Performance
SAE Technical Paper 2010-01-2119, 2010

[132] Bloch, P.; Schneider, B.; Bargende, M.; Boulouchos, K.
Optimierte Zusammensetzung synthetischer Kraftstoffe für konventionelle Diesel-Brennverfahren
Motortechnische Zeitschrift, 6, 2011

[133] Lumpp, B.; Rothe, D.; Pastötter, C.; Lämmermann, R.; Jacob, E.
Oxymethylenether als Dieselkraftstoffzusätze der Zukunft
Motortechnische Zeitschrift, 3, 2011

[134] Pellegrini, L.; Marchionna, M.; Patrini, R.; Beatrice, C. et al.
Combustion Behaviour and Emission Performance of Neat and Blended Polyoxymethylene Dimethyl Ethers in a Light-Duty Diesel Engine
SAE Technical Paper 2012-01-1053, 2012

[135] Ren, Y.; Huang, Z.; Miao, H.; Di, Y. et al.
Combustion and emissions of a DI diesel engine fuelled with diesel-oxygenate blends
Fuel 87, 2008

[136] Cheng, A., Dibble, R., and Buchholz, B.
The Effect of Oxygenates on Diesel Engine Particulate Matter
SAE Technical Paper 2002-01-1705, 2002

[137] Mueller, C.; Martin, G.
Effects of Oxygenated Compounds on Combustion and Soot Evolution in a DI Diesel Engine: Broadband Natural Luminosity Imaging
SAE Technical Paper 2002-01-1631, 2002

[138] Beatrice, C.; Bertoli, C.; Del Giacomo, N.; Guido, C. et al.,
In-cylinder Soot Evolution Analysis in a Transparent Research DI Diesel Engine Fed by Oxygenated Fuels
SAE Technical Paper 2002-01-2851, 2002

[139] Gonzalez D., M.; Clark, W.; Wolf, L.; Garbak, J. et al.
Impact of Engine Operating Conditions on Low-NOx Emissions in a Light-Duty CIDI Engine Using Advanced Fuels
SAE Technical Paper 2002-01-2884, 2002

[140] Hallgren, B. E.; Heywood, J. B.
Effects of Oxygenated Fuels on DI Diesel Combustion and Emissions
SAE Technical Paper 2001-01-0648, 2001

[141] Bertola, A.; Schubiger, R.; Kasper, A.; Matter, U. et al.
Characterization of Diesel Particulate Emissions in Heavy-Duty DI-Diesel Engines with Common Rail Fuel Injection Influence of Injection Parameters and Fuel Composition
SAE Technical Paper 2001-01-3573, 2001

[142] Gary, J. H.; Handwerk, G. E.; Kaiser, M. J.
Petroleum Refining: Technology and Economics, 5th Edition
CRC Press, Taylor and Francis Group, Boca Raton, London, New York, 2007

[143] DIN ISO 3014
Mineralölerzeugnisse – Bestimmung des Rußpunktes von Kerosin
DIN ISO 3014 : 1997-07

[144] Calcote, H. F.; Manos, D. M.
Effect of molecular structure on incipient soot formation
Combustion and Flame, Volume 49, 1983

[145] Li, L.; Sunderland, P. B.
An improved method of smoke point normalization
Combust. Sci. Technol., 184, 2012

[146] Yang, Y.; Boehman, A. L.; Santoro, R. J.
A study of jet fuel sooting tendency using the threshold sooting index (TSI) model
Combustion and Flame 149, 2007

[147] Kunte, S.
Untersuchungen zum Einfluss von Brennstoffstruktur und -Sauerstoffgehalt auf die Rußbildung und -oxidation in laminaren Diffusionsflammen
Dissertation, Eidgenössische Technische Hochschule Zürich, 2003

[148] Westbrook, C. K.; Pitz, W. J.; Curran, H. J.
Chemical Kinetic Modeling Study of the Effects of Oxynated Hydrocarbons on Soot Emissions from Diesel Engines
The Journal of Physical Chemistry A, 110, 2006

[149] Musculus, M.; Dec, J.; Tree, D.
Effects of Fuel Parameters and Diffusion Flame Lift-Off on Soot Formation in a Heavy-Duty DI Diesel Engine
SAE Technical Paper 2002-01-0889, 2002

[150] Pickett, L.; Siebers, D.
Fuel Effects on Soot Processes of Fuel Jets at DI Diesel Conditions
SAE Technical Paper 2003-01-3080, 2003

[151] Siebers, D.; Higgins, B.
Flame Lift-Off on Direct-Injection Diesel Sprays Under Quiescent Conditions
SAE Technical Paper 2001-01-0530, 2001

[152] Upatnieks, A. and Mueller, C.
Investigation of the Relationship Between DI Diesel Combustion Processes and Engine-Out Soot Using an Oxygenated Fuel
SAE Technical Paper 2004-01-1400, 2004

[153] Shimy, A. A.
Calculating Flammability Characteristics of Hydrocarbons and Alcohols
Fire Technology Volume 6 No. 2, 1970

[154] Benson, S. W.; Buss, J. H.
Additivity Rules for the Estimation of Molecular Properties. Thermodynamic Properties
Chemistry Department, Los Angeles, California, 1958

[155] Joback, K. G.
A Unified Approach to Physical Property Estimation Using Multivariate Statistical Techniques
S.M. Thesis, Department of Chemical Engineering, Massachusetts Institute of Technology, Cambridge, MA, 1984

[156] Benson, S. W.; Cruickshank, F. R.; Golden, D. M.; Haugen, G.R.; et alii
Additivity Rules for the Estimation of Thermochemical Properties
Stanford Research Institute, California, 1968

[157] http://www.ddbst.com/de/online/Online_Est_Artist.php (abgerufen am 01. März 2012)

[158] http://www.aiche.org/dippr/products/801.aspx (abgerufen am 01. März 2012)

[159] Rowley, J. R.; Wilding, W. V.; Oscarson, J. L., Rowley, R. L.
Rapid Evaluation of Prediction Methods with DIPPR`s Automated Property Prediction Package
Int. J. Thermophys. 28, 2007

[160] Lazzùs, J. A.
Prediction of Flash Point Temperature of Organic Compounds Using a Hybrid Method of Group Contribution + Neural Network + Particle Swarm Optimization
Chinese Journal of Chemical Engineering, 18(5), 2010

[161] Chen, C.-C.; Liaw, H.-J.; Kuo, Y.-Y.
Prediction of autoignition temperatures of organic compounds by the structural group contribution approach
Journal of Hazardous Materials 162, 2009

[162] Pan, Y; Jiang, J.; Wang, Z.
Quantitative structure-property relationship studies for predicting flash points of alkanes using group bond contribution method with back-propagation neural network
Journal of hazardous Materials, 147, 2007

[163] Pan, Y; Jiang, J.; Wang, R.; Cao, H.; Zhao, J.
Prediction of auto-ignition temperatures of hydrocarbons by neural network based on atom-type electrotopological-state indices
Journal of hazardous Materials, 157, 2008

[164] Albahri, T. A.
Flammability characteristics of pure hydrocarbons
Chemical Engineering Science 58, 2003

[165] Pan, Y; Jiang, J.; Wang, R.; Cao, H.; Cui, Y.
Predicting the auto-ignition temperatures of organic compounds from molecular structure using support vector machine
Journal of hazardous Materials, 164, 2009

[166] Pitzer, K. S.
The Volumetric and Thermodynamic Properties of Fluids I. Theoretical Basis and Viral Coefficients
Journal of the American Chemical Society, Volume 77, Number 13, 1955

[167] Lay, T. H.; Bozzelli, J. W.; Dean, A. M.; Ritter, E. R.
Hydrogen Atom Bond Increments for Calculation of Thermodynamic Properties of Hydrocarbon Radical Species
The Journal of Physical Chemistry, 99 (39), 1995

[168] Cao, H. Y.; Jiang, J. C.; Pan, Y.; Wang, R.; Cui, Y.
Prediction of the net heat of combustion of organic compounds based on atom-type electrotopological state indices
Journal of Loss Prevention in the Process Industries 22, 2009

[169] Rackett, H. G.
Equation of State for Saturated Liquids
Journal of Chemical & Engineering Data, 15 (4), 1970

[170] Yamada, T.; Gunn, R. D.
Saturated Liquid Molar Volumes. The Rackett equation.
Journal of Chemical & Engineering Data, 18 (2), 1973

[171] Pitzer, K. S.
Thermodynamics
McGraw-Hill, 3rd Edition, New York, 1995

[172] Cramer, J. A.; Morris, R. E.; Giordano, B.; Rose-Pehrsson, S.
Partial Least-Squares Predictions of Nonpetroleum-Derived Fuel Content and Resultant Properties When Blended with Petroleum-Derived Fuels
Energy & Fuels 23, 2009

[173] Morris, R. E.; Hammond, M. H.; Cramer, J. A.; Johnson, K. J.; et al.
Rapid Fuel Quality Surveillance through Chemometric Modelling of Near-Infrared Spectra
Energy & Fuels 23, 2009

[174] Rudolph, F.; Hadler, J.; Engler, H.-J.; Röpke, S.
Der neue 2,0l 4V TDI mit Common-Rail – Moderne Dieseltechnologie von Volkswagen
16. Aachener Kolloquium Fahrzeug- und Motorentechnik, 2007

[175] Kuratle, R.
Motorenmesstechnik
Vogel Buchverlag, Würzburg, 1995

[176] Maricq, M. M.; Xu, N.
The effective density and fractal dimension of soot particles from premixed flames and motor vehicle exhaust
Aerosol Science 35, 2004

[177] Groenendijk, A.; Cornelius, V.
Brennkraftmaschine mit gemischten Nockenwellen
Veröffentlichte internationale Patentanmeldung WO 2008/031555 A1, 2008

[178] Neußer, H.-J.; Kahrstedt, J.; Jelden, H.; Engler, H.-J.; Dorenkamp, R.; Jauns-Seyfried, S.; Krause, A.
Die neue modulare TDI-Generation von Volkswagen
33. Internationales Wiener Motorensymposium, 2012

[179] Neußer, H.-J.; Kahrstedt, J.; Jelden, H.; Dorenkamp, R.; Düsterdiek, T.
Die EU6-Motoren des Modularen Dieselbaukastens von Volkswagen – innovative motornahe Abgasreinigung für weitere NOx- und CO2-Minderung
34. Internationales Wiener Motorensymposium, 2013

[180] Meinig, U.; Groenendijk, A.; Elfers, U.
Neues, schnell verstellendes Nockenwellenverstellermodul für Pkw-Motoren
5. VDI-Fachtagung Ventiltrieb und Zylinderkopf, Würzburg, 2012

[181] Groenendijk, A.; Kahrstedt, J.; Blei, I.; Röpke, K.; Neßler, A.
Variabler Ventiltrieb – neuer Emissionsbaustein für Volkswagens zukünftige Dieselmotoren
7. Tagung Design of Experiments (DoE) in der Motorenentwicklung, Berlin, 2013

[182] Heimermann, C.; Wiegel, M.; Bunkus, J.
Füllungsmanagement
Interne Veröffentlichung der Volkswagen AG, Wolfsburg, 2012

[183] Wimmer, A.
Thermodynamik des Verbrennungsmotors
Lehrveranstaltung, TU Graz, 2006

[184] Lindenkamp, N.
Strategien zur Reduzierung der NOX- und Rußemissionen eines Dieselhybridfahrzeugs
Dissertation, TU Braunschweig, 2011

[185] Siemens AG
Specification Smart NOx-Sensor "Uninox24V"
Siemens VDO Automotive, 2007

[186] Spindt, R.
Air-Fuel Ratios from Exhaust Gas Analysis
SAE Technical Paper 650507, 1965

[187] Selbststudienprogramm 403
Der 2,0l-TDI-Motor mit Common-Rail-Einspritzsystem

[188] Braungarten, G.; Patze, U.; Tschöke, H.
Ölverdünnung bei Betrieb eines Pkw-Dieselmotors mit Mischkraftstoff B10
Abschlussbericht, Magdeburg, 2008

[189] Naegeli, D. W.;
Combustion properties of Alkylals to determine the potential use of Alkylals as fuel additives for gasoline and diesel fuel
Final Report, SwRI Project No. 03.40.50.02668, San Antonio, 2001

[190] Bertola, A. G.
Technologies for Lowest NOx and Particulate Emissions in DI-Diesel Engine Combustion – Influence of Injection parameters, EGR and Fuel Composition
Dissertation, Swiss federal Institute of Technologie Zurich, 2003

[191] Schernewski, R.
Modellbasierte Regelung ausgewählter Antriebskomponenten im Kraftfahrzeug
Dissertation, Karlsruhe, 1999

[192] Blei, I.; Eilts, P.; Pabst, C.; Nowak, A.
Partikelemissionen alternativer Dieselkraftstoffe
5. Biokraftstoffsymposium, Coburg, 2013

[193] Idicheria, C.; Pickett, L.
Soot Formation in Diesel Combustion under High-EGR Conditions
SAE Technical Paper 2005-01-3834, 2005

[194] Akihama, K.; Takatori, Y.; Inagaki, K.; Sasaki, S. et al.
Mechanism of the Smokeless Rich Diesel Combustion by Reducing Temperature
SAE Technical Paper 2001-01-0655, 2001

[195] Weiskirch, C.
Reduktion von NOX- und Partikelemissionen durch (teil-)homogene Dieselbrennverfahren
Dissertation, TU Braunschweig, 2007

[196] Steiger, W.; Stolte, U.; Scholz, I.; Schmerbeck, S.
Das CCS-Brennverfahren von Volkswagen
Motortechnische Zeitschrift, 3, 2008

[197] Hübner, M.; Koch, P.; Zellbeck, H.; Leipertz, A.; Kerst, A.
Wirkkettenanalyse der dieselmotorischen Verbrennung – Einfluss von Brennraumwand und Kraftstoff
Motortechnische Zeitschrift, 4, 2008

[198] Schönborn, A.; Hellier, P.; Aliev, A. E.; Lodommatos, N.
Ignition control of homogeneous-charge compression ignition (HCCI) combustion through adaptation of the fuel molecular structure by reaction with ozone
Fuel 89, 2010

[199] Jeschke, J.
Konzeption und Erprobung eines zylinderdruckbasierten Motormanagements für PKW-Dieselmotoren
Dissertation, Otto-von-Guericke-Universität Magdeburg, 2002

[200] Larink, J.
Zylinderdruckbasierte Auflade- und Abgasrückführregelung für PKW-Dieselmotoren
Dissertation, Otto-von-Guericke-Universität Magdeburg, 2005

[201] Brauer, M.; Sommer, A.; Rempel, A.; Gratzke, R.
Online detection and compensation of fuel property effects on the pilot injection
11th Stuttgart International Symposium, 2011

[202] Schnorbus, T.; Lorei, D.; Kolbeck, A.; Körfer, T.; Janssen, A.; Jacob, M.; Pischinger, S.
Potential and Challenges using Ethanol Blends in Diesel Engines
11th Stuttgart International Symposium, Wiesbaden, 2011

[203] GM Global Technology Operations LLC
Adaptive Dieselmotorsteuerung bei Cetanzahlschwankungen
Offenlegungsschrift DE 10 2011 011 371 A1

[204] Ramsperger, F.
Detektion und Kompensation der Auswirkungen nicht-normgerechter Kraftstoffe auf den Betrieb von Pkw-Dieselmotoren
Dissertation, TU Berlin, 2012

[205] Miller, R.; Liebherr, H.U.
The Miller Supercharging System for Diesel and Gas Engines Operating Characteristics
International Congress of Combustion Engines, Zürich, 1957

[206] Martins, J. J. G.; Uzuneanu, K.; Ribeiro, B. S.; Jasasky, O.
Thermodynamic Analysis of an Over-Expanded Engine
SAE-Paper 2004-01-0617

[207] Koehler, I.; Blei, I.; Broda, A.; Eilts, P.
Theoretische Betrachtung und Bewertung von Ladungswechselkenngrößen zur Erfassung aktueller und zukünftiger Variabilitäten
4. MTZ-Fachtagung Ladungswechsel im Verbrennungsmotor , 2011

[208] Kadunic, S.; Scherer F.; Zegenhagen, T.
Abgaswärmenutzung zur Ladeluftkühlung
Zwischenbericht über das Vorhaben Nr. 1026 (AiF-Nr. 163563 N/2), Informationstagung Motoren, Bad Neuenahr, 2012

[209] Karim, G.; Khanna, S.
The Effect of Very Low Air Intake Temperature on the Performance and Exhaust Emission Characteristics of a Diesel Engine
SAE Technical Paper 740718, 1974

[210] Lienig, U.; Zikoridse, G.
Tieftemperaturverbrennung durch extreme Ladeluftkühlung
Abschlussbericht über das Vorhaben Nr. 879, Informationstagung Motoren der Forschungsvereinigung Verbrennungskraftmaschinen e.V.; Bremen, 2008

[211] Mork, A.
Brennverfahren mit Kompressionszündung für alternative Kraftstoffe
Dissertation, Otto-von-Guericke-Universität, Magdeburg, 2011

[212] Olah, G. A.; Prakash, G. K. S.
Conversion of Carbon Dioxide to Dimethyl Ether using Bi-reforming of Methane or Natural Gas
United States Patent Application Publication US 2009/0030240 A1, 2009

[213] Musculus, M.
On the Correlation between NO_x Emissions and the Diesel Premixed Burn
SAE Technical Paper 2004-01-1401, 2004

8 Formelzeichen, Abkürzungen, Konstanten und Indizes

Zeichen	Einheit	Bezeichnung
A	m^2	Fläche
b_e	g/kWh	effektiver spezifischer Kraftstoffverbrauch
b_i	g/kWh	indizierter spezifischer Kraftstoffverbrauch
c_p	J/(kg K)	spezifische isobare Wärmekapazität
CZ	-	Cetanzahl
d	m	Durchmesser
E	kJ/mol	Aktivierungsenergie
FSN	-	Filter Smoke Number (=Rußzahl)
h	J/mol	Enthalpie
H_G	MJ/m^3	Gemischheizwert
H_U	MJ/kg	Heizwert
HV5%	°KW	Lage des 5%-Wertes des integralen Heizverlaufes
HV50%	°KW	Lage des 50%-Wertes des integralen Heizverlaufes
HV90%	°KW	Lage des 90%-Wertes des integralen Heizverlaufes
L_{st}	-	stöchiometrischer Luftbedarf
m	kg	Masse
M_D	Nm	Drehmoment
m_{LM}	kg/h	Luftmassenstrom
n	1/min	Drehzahl
p	bar	Druck
R	J/(kg K)	spezifische Gaskonstante
t	s	Zeit
T	K	Temperatur
V	m^3	Volumen
α	°KW	Kurbelwinkel
$\Delta_f H^0$	kJ/mol	Standardbildungsenthalpie
ε	-	Verdichtungsverhältnis
η	Pa s	dynamische Viskosität
κ	-	Isentropenexponent
λ	-	Luftverhältnis
λ_a	-	Luftaufwand
ρ	kg/m^3	Dichte
σ	N/m	Spannung

Indizes und Abkürzungen

ACEA	Association des Constructeurs Européens d'Automobiles
ACZ	Abgeleitete Cetanzahl
AGR	Abgasrückführung
AIT	Selbstzündungstemperatur
AM	Akkumulationsmodus
AMN	1-Methylnaphthalin
AÖ	Auslassventil öffnet
AS	Auslassventil schließt
ATL	Abgasturbolader
AV	Auslassventil
B	Butanol
BK	Blendkomponente
BP	Betriebspunkt
BtL	Biomass to Liquid
BTY	Butylal
C	Konstante
CEC	Coordinating European Council
CEC	Referenzdieselkraftstoff
CI	Cetanindex
CNG	Compressed Natural Gas
CO	Kohlenmonoxid
CO_2	Kohlendioxid
CPC	Condensation Particle Counter
CR	Common Rail
CtL	Coal to Liquid
CZ	Cetanzahl
DBM	Dibutyl Maleate
DI	Direkteinspritzung
DK	Drosselklappe
DME	Dimethylether
DPF	Dieselpartikelfilter
DWG	Drehwinkelgeber
EEPS	Engine Exhaust Particle Sizer
EDC	Electronic Diesel Control
eff	effektiv
EGR	Exhaust Gas Recirculation
EMF	Ethoxymethylfurfural
EÖ	Einlassventil öffnet
ES	Einlassventil schließt
ESB	Einspritzbeginn
Eth	Ethanol
ETK	Emulatortastkopf
EV	Einlassventil
FAME	Fatty Acid Methyl Ester
FES	früher Einlassschluss
FFT	Fast-Fourier-Transformation
FILE	Forward Illumination Light Extinction
FTIR	Fourier Transform Infrarot Spectroscopy

g	gasförmig
geo	geometrisch
ges	gesamt
GtL	Gas to Liquid
GUT	Unterer Totpunkt während der Ladungswechselschleife
HC	Kohlenwasserstoff
HCCI	Homogeneous Charge Compression Ignition
HCN	Wasserstoffcyanid-Radikal
HD	Hochdruck
HDV	Homogene Dieselverbrennung
HFM	Heißfilm-Luftmassenmesser
HMN	2,2,4,4,6,8,8-Heptamethylnonan
HVO	Hydrotreated Vegetable Oil
i	indiziert
ICN	Anfangscetanzahl (Initial Cetane Number)
Krst	Kraftstoff
KW	Kurbelwinkel
l	flüssig
LMM	Luftmassenmesser
LTC	Low Temperature Combustion
LW	Ladungswechsel
LWUT	Unterer Totpunkt während der Ladungswechselschleife
m	gemittelt, mittlere
MTBE	Methyl-Tertiär-Butyl-Ether
MTHF	Methyltetrahydrofuran
MW	Molekulargewicht
N_2O	Distickstoffoxid
ND	Niederdruck
NEFZ	Neuer Europäischer Fahrzyklus
NO_X	Stickstoffoxid
NSOF	Non-Soluble Organic Fraction
NW	Nockenwelle
O	ottomotorischer Kraftstoff (Super)
O_2	molekularer Sauerstoff
OBD	On-Board-Diagnose
OH	Hydroxylradikal
OT	oberer Totpunkt
PAK	polyzyklische aromatische Kohlenwasserstoffe
P_i	Voreinspritzung
Pkw	Personenkraftwagen
PM	Particulate Matter
ppm	parts per million
p_{VE}	Verdichtungsenddruck
PWG	Pedalwertgeber
QSAR	Quantitative Structure-Activity Relationship
QSPR	Quantitative Structure-Property Relationships
RME	Rapsölmethylester
SES	später Einlassschluss
SCR	selektive katalytische Reaktion

SMPS	Sanning Mobility Particle Sizer
SOF	Soluble Organic Fraction
SO_2	Schwefeldioxid
SOI	Start of Injection
SP	Smoke Point
SWC1	schwedischer Klasse 1 Dieselkraftstoff
THC	total hydrocarbons
THF	Tetrahydrofuran
TOU	Tetraoxaundecane
TPM	Tripropylenglykolmonomethylether
TPM	Gesamtpartikelmasse
TPN	Gesamtpartikelanzahl
TSI	Threshold Sooting Index
TTW	Tank to Wheel
UNIFAC	Universal Quasichemical Functional Group Activity Coefficients
USWC	Worst Case US Dieselkraftstoff
ULEV	Ultra Low Emission Vehicle
VTG	variable Turbinengeometrie
VVS	Variable Ventilsteuerung
VVT	Variable Valve Timing
WE	Weberzahl
WTW	Well-to-Wheel
Z	Zylinder
ZMM	zylinderdruckgeführtes Motormanagement
ZOT	oberer Totpunkt im Arbeitstakt
ZV	Zündverzug

9 Anhang

9.1 Auszug aus der EN 590 (Entwurf): 2011-10 – Dieselkraftstoff

10 % (V/V) FAME – Allgemein anwendbare Anforderungen und Prüfverfahren [39]

Eigenschaft	Einheit	Grenzwerte		Prüfverfahren
		Minimum	Maximum	
Cetanzahl	—	**51,0**	—	EN ISO 5165 EN 15195 EN 16144
Cetanindex	—	46,0	—	EN ISO 4264
Dichte bei 15 °C	**kg/m³**	820,0	**845,0**	EN ISO 3675 EN ISO 12185
Polycyclische aromatische Kohlenwasserstoffe	**% (m/m)**	—	**8**	EN 12916
Schwefelgehalt	**mg/kg**	—	**10,0**	EN ISO 20846 EN ISO 20884 prEN ISO/ DIS 13032
Flammpunkt	°C	über 55	—	EN ISO 2719
Koksrückstand (von 10 % Destilationsrückstand	% (m/m)	—	0,30	EN ISO 10370
Aschegehalt	% (m/m)	—	0,01	EN ISO 6245
Wassergehalt	mg/kg	—	200	EN ISO 12937
Gesamtverschmutzung	mg/kg	—	24	EN 12662
Korrosionswirkung auf Kupfer (3 h bei 50 °C)	Korrosions-grad	Klasse 1		EN ISO 2160
Fettsäure-Methylestergehalt (FAME)	**% (V/V)**	**—**	**10,0**	**EN 14078**
Oxidationsstabilität	g/m³ h	— 20	25 —	EN ISO 12205 EN 15751
Schmierfähigkeit, korrigierter „wear scar diameter“ (wsd 1,4) bei 60 °C	µm	—	460	EN ISO 12156-1
Viskosität bei 40 °C	mm²/s	2,00	4,50	EN ISO 3104
Destillation % (V/V) aufgefangen bei 250 °C % (V/V) aufgefangen bei 350 °C **95 % (V/V) aufgefangen bei**	 % (V/V) % (V/V) **°C**	 — 85 —	 < 65 — **360**	 EN ISO 3405 EN ISO 3924

Anforderungen an die Temperaturgrenzwerte der Filtrierbarkeit (Kälteverhalten)

Bezeichnung	CFPP höchstens	Zeitraum
Sommerdiesel	0 °C	15.04. – 30.09.
Übergangszeit	-10 °C	01.10. – 15.11.
Winterdiesel	-20 °C	16.11. – 28.02.
Übergangszeit	-10 °C	01.03. – 14.04.

9.2 Cetanzahl über der Standardbildungsenthalpie

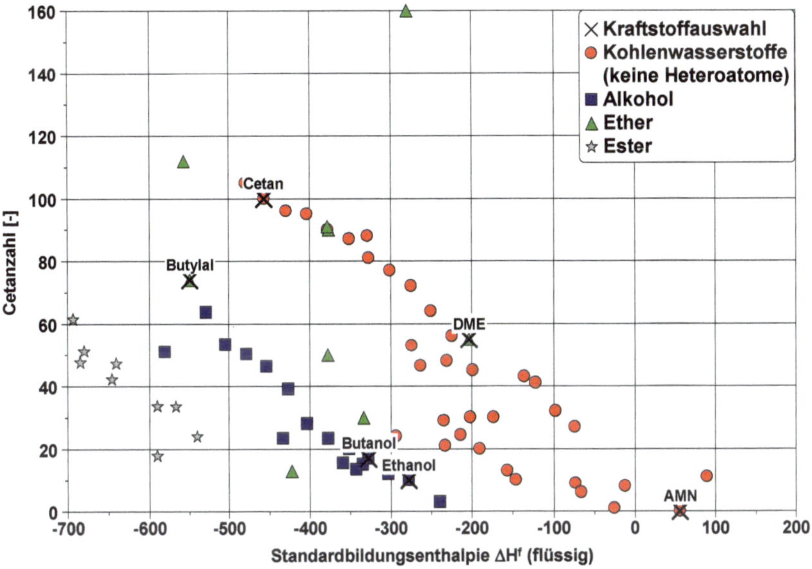

9.3 Indizierkenngrößen sauerstoffhaltiger Kraftstoffe am BP2

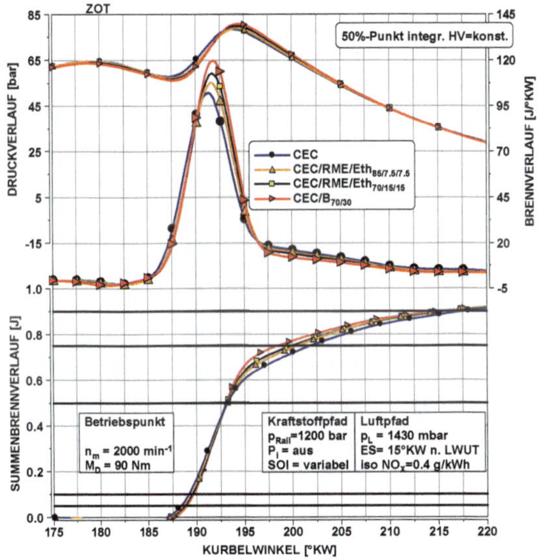

9.4 Zusammensetzung der Kohlenwasserstoffemissionen

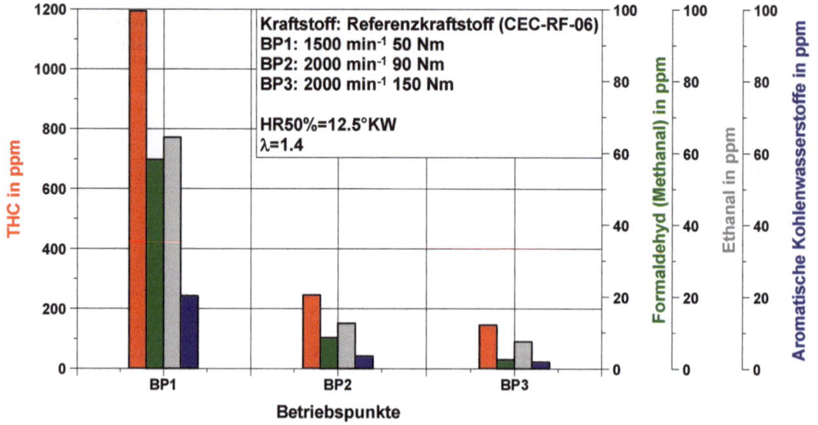

9.5 Zusammensetzung der Kohlenwasserstoffemissionen ausgewählter Kraftstoffe

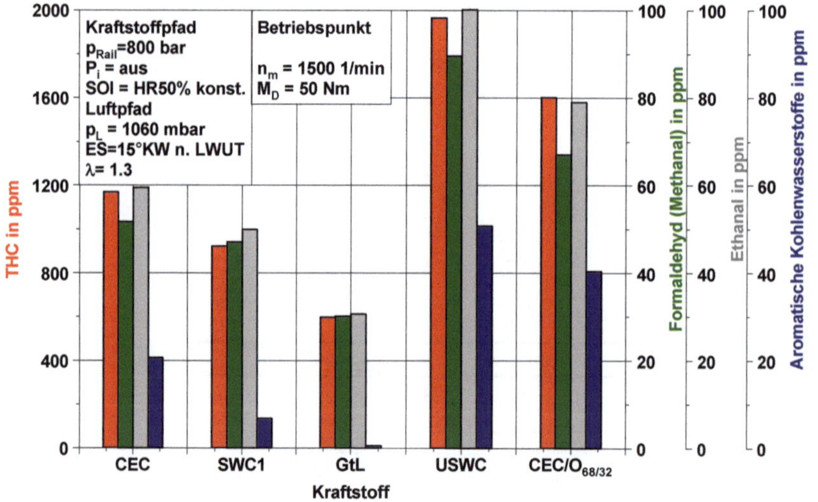